Dietmar Herrmann

Wahrscheinlichkeitsrechnung und Statistik —
30 BASIC-Programme

Anwendung von Mikrocomputern

Herausgegeben von Dr. Harald Schumny

Die Buchreihe behandelt Themen aus den vielfältigen Anwendungsbereichen des Mikrocomputers: Technik, Naturwissenschaften, Betriebswirtschaft. Jeder Band enthält die vollständige Lösung von Problemen, entweder in Form von Programmpaketen, die der Anwender komplett oder in Teilen als Unterprogramme verwenden kann, oder in Form einer Problemaufbereitung, die dem Benutzer bei der Software- und Hardware-Entwicklung hilft.

Band 1 Digitale Regelung mit Mikroprozessoren
von Norbert Hoffmann

Band 2 Wahrscheinlichkeitsrechnung und Statistik
von Dietmar Herrmann

Band 3 Mathematische Routinen der Elektrotechnik / Elektronik
von Ernst Friedrich Reinking

Band 4 Numerische Mathematik
von Dietmar Herrmann

Band 5 Textverarbeitung (TI-99/4A und VC-20)
von Arnim und Ingeborg Tölke

Anwendung von Mikrocomputern Band 2

Dietmar Herrmann

Wahrscheinlichkeitsrechnung und Statistik – 30 BASIC-Programme

mit einer Einführung
von Wolfgang Wöger

2., berichtigte Auflage

Springer Fachmedien Wiesbaden GmbH

1. Auflage 1983
2., berichtigte Auflage 1984

Satz: Friedr. Vieweg & Sohn, Braunschweig

Umschlaggestaltung: Peter Lenz, Wiesbaden

ISBN 978-3-528-14220-9   ISBN 978-3-322-96320-8 (eBook)
DOI 10.1007/978-3-322-96320-8

Inhaltsverzeichnis

Regression

Einführung

von Wolfgang Wöger*)

Statistik ist die Kunst und die Wissenschaft, Daten zu sammeln, zu analysieren und Schlußfolgerungen aus ihnen zu ziehen. Die Anwendungsgebiete für die Statistik sind so mannigfach, daß es nicht verwunderlich ist, wenn von den Anfängen dieser Wissenschaft bis heute eine umfangreiche Menge von Methoden und Theorien entwickelt worden sind. Die vorliegende Sammlung von Methoden zur Analyse und Auswertung von Daten ist in der Tat nur ein kleiner, aber wesentlicher Auszug aus den existierenden Möglichkeiten.

Die Grundprinzipien des statistischen Schlusses werden mit Hilfe der Begriffe Experiment, Ergebnis, Stichprobenraum, Ereignis und Wahrscheinlichkeit formuliert. Das *Experiment* umfaßt dabei solche Beispiele wie das Werfen einer Münze, die Messung einer Länge oder die Frage an eine Person, welche Partei sie oder er bei der nächsten Wahl wählen wird. Solche Experimente haben eine Anzahl von überhaupt möglichen Ergebnissen, und das können durchaus unendliche viele sein. In der Statistik wird dann die Menge aller möglichen Ergebnisse eines Experiments häufig *Stichprobenraum* genannt. Im Falle des Würfelns eines einzelnen Würfels besteht der Stichprobenraum also aus der Menge $\{1, 2, 3, 4, 5, 6\}$. Spezifizierte Untermengen des Stichprobenraums werden *Ereignis* genannt. Beispielsweise ist das Würfeln einer geraden Zahl ein Ereignis, das mit $\{2, 4, 6\}$ angegeben werden kann.

Die Resultate einer großen Anzahl von Experimenten bilden in der Statistik das zu benutzende Datenmaterial. Es wird nun angenommen, daß es einen dem Experiment unterliegenden *Wahrscheinlichkeitsmechanismus* gibt, der das Auftreten der Daten bestimmt. Ist dieser Mechanismus bekannt, dann kann die Wahrscheinlichkeit für das Auftreten eines Ergebnisses oder Ereignisses berechnet werden. Damit beschäftigt sich die Wahrscheinlichkeitstheorie. Sie geht also von einem bekannten Wahrscheinlichkeitsmechanismus aus und bildet die Voraussetzung für die Statistik, die eine Anwendung dieser Theorie auf gesammelte Daten darstellt.

Die Problemstellung in der Statistik ist jedoch häufig umgekehrt: Sie soll bei unbekanntem oder aus anderen Quellen nur teilweise bekanntem Wahrscheinlichkeitsmechanismus aus dem vorhandenen Datenmaterial auf ihn schließen. Ist zum Beispiel der dem Experiment unterliegende Wahrscheinlichkeitsmechanismus einer von mehreren möglichen, so ist die Aufgabe der Statistik unter Benutzung des vorhandenen Informationsmaterials, der Daten, auf denjenigen Mechanismus zu schließen, der diese Daten

---

*) Dr. Wolfgang Wöger ist Oberregierungsrat im Referat „Theoretische Physik" der Physikalisch-Technischen Bundesanstalt. Ein Hauptaufgabenbereich ist Statistik und Auswertung von Meßergebnissen.

erzeugte. Es muß betont werden, daß dies aufgrund der nicht unbeschränkten Information (man hat nur eine endliche Anzahl von Daten, also eine Stichprobe endlichen Umfangs) niemals im mathematischen Sinne exakt möglich ist. Die Statistik erlaubt zwar, eine Entscheidung bezüglich des Mechanismus zu treffen, sie ordnet aber dieser Entscheidung eine bestimmte Wahrscheinlichkeit dafür zu, daß sie falsch ist. Je umfangreicher allerdings das dem Experiment entspringende Datenmaterial ist, um so sicherer wird die Entscheidung getroffen werden können. Die Vorgehensweise bei einer solchen Untersuchung ist typisch für viele Bereiche der Naturwissenschaften: Man macht sich eine Vorstellung (oder ein Modell) für den Mechanismus, erhebt sie zur Hypothese, nimmt also vorläufig an, sie sei korrekt, trifft mittels der Wahrscheinlichkeitstheorie daraus gewisse Vorhersagen und vergleicht diese mit der rauhen Wirklichkeit, also dem gesammelten Datenmaterial. Dieser Vergleich führt dann zu einer Entscheidung über die Hypothese. Die drei Komponenten *Daten, Hypothese* und *Entscheidung* bilden die Basis des statistischen Problems des Hypothesen-Tests. Dabei ist eine Grundvoraussetzung für alle üblichen statistischen Methoden zum Testen von Hypothesen, daß jedes Element aus einem gegebenen Datensatz unabhängig von allen anderen gewonnen wurde. Ist diese *Bedingung der Zufallsstichprobe* verletzt, so liefert die Anwendung eines Tests, der auf dieser Voraussetzung basiert, eine völlig unkontrollierbare Entscheidung. Die Unabhängigkeit der Elemente eines Datensatzes voneinander kann selbst getestet werden, wenn man ihrer nicht sicher ist (s. z. B. Nr. 25 und 26 der Sammlung).

Formal wird beim Hypothesen-Test zunächst eine *Nullhypothese* H_0 aufgestellt, mit der Bedeutung, daß die zu testende Annahme korrekt sei. Sodann wird ein *Signifikanzniveau* (auch: Irrtumswahrscheinlichkeit) α $(0 < \alpha < 1)$ gewählt, um zu kennzeichnen, wie unwahrscheinlich das Auftreten eines beobachteten Datensatzes sein muß, um zu einer Verwerfung der Nullhypothese zu führen. In einem gewählten α gibt es einen ganzen Satz von Stichproben, deren Auftreten als unwahrscheinlich angesehen wird, wenn die Hypothese H_0 korrekt ist. Alle diese bilden eine Untermenge des Stichprobenraums, den kritischen Bereich (oder: Ablehnungsbereich) K. Die Wahrscheinlichkeit, daß ein beobachteter Datensatz aus K ist, wenn H_0 als korrekt vorausgesetzt wird, ist dann kleiner oder gleich α. Die zentrale Aufgabe bei der Entwicklung von Hypothesen-Tests ist die Konstruktion des kritischen Bereiches. Fällt die beobachtete Stichprobe nicht in K, so sagt man, daß H_0 auf dem Signifikanzniveau α nicht abgelehnt werden kann. Es sollte klar sein, daß diese Entscheidung bezüglich H_0 nicht notwendig heißt, man sei der Meinung, daß H_0 wirklich den wahren Wahrscheinlichkeitsmechanismus, der dem Experiment unterliegt, repräsentiert. Vielmehr muß die Interpretation lauten: Die nach Durchführung des Experiments sich ergebende Beobachtung ist mit der Hypothese H_0 vereinbar, wobei H_0 durchaus noch richtig oder falsch sein kann. Da das bislang geschilderte Vorgehen lediglich darauf hinausläuft, einen Unterschied zwischen der Beobachtung und den aus H_0 sich ergebenden Konsequenzen als signifikant oder nicht festzustellen, nennt man diese Art des Tests einen „Signifikanz-Test" (s. z. B. Nr. 10).

Demgegenüber steht der „Alternativ-Test" (s. z. B. Nr. 11), bei dem man der Hypothese H_0 eine „vernünftige" oder auch „zulässige" Alternativ-Hypothese H_1 entgegenstellt mit der Bedeutung, daß man sich für H_1 entscheidet, wenn H_0 abgelehnt wird oder umgekehrt. Fällt also ein beobachteter Datensatz nicht in den kritischen Bereich K des Tests (K gehört zu H_0), so kann wiederum H_0 nicht auf dem gewählten

Signifikanzniveau α abgelehnt werden. Während man aber beim Signifikanz-Test auf eine Entscheidung zwischen H_0 und der Alternative H_1 verzichtet, trifft man beim Alternativ-Test eine echte Entscheidung zwischen beiden Hypothesen bezüglich des dem Experiment unterliegenden Wahrscheinlichkeitsmechanismus. Diese Entscheidung zwischen H_0 und H_1 kann mit einer spezifizierten Wahrscheinlichkeit falsch sein. Es sei jedoch hier auf die am Ende der Sammlung angegebene Literatur verwiesen (s. auch Nr. 11).

Der einem bestimmten Experiment unterliegende Wahrscheinlichkeitsmechanismus kann häufig analytisch in Form einer *Wahrscheinlichkeitsverteilungsfunktion* oder einer *Wahrscheinlichkeitsdichtefunktion* beschrieben werden. Diese enthalten einen oder mehrere Parameter. Als Beispiel sei die *Normalverteilung* genannt mit den Parametern μ und σ^2 (s. Nr. 8). Hat man genügend Vorinformation, um sicher zu sein, daß der Mechanismus durch eine bestimmte Kurvenform beschrieben werden kann, so steht man im allgemeinen vor dem Problem, aus dem beobachteten Datenmaterial auf die Parameterwerte der zum Experiment gehörenden Verteilungsfunktion zu schließen, oder auch allgemeiner aus verschiedenen Datensätzen beispielsweise auf die Gleichheit von Parametern, ohne daß deren Wert interessiert. Tests, die für Situationen entwickelt worden sind, in denen die funktionale Form des Mechanismus als bekannt vorausgesetzt wird und somit nicht Teil der Hypothesen ist, nennt man „Parameter-Tests". Sie liefern nur dann kontrollierbare Entscheidungen, wenn diese Voraussetzung tatsächlich erfüllt ist und können durchaus sehr empfindlich sein gegen geringe Abweichungen von ihr. Ein typischer Parameter-Test ist der t-Test (Nr. 17), bei dem *Normalverteilung* vorausgesetzt wird. Man sollte ihn nur anwenden, wenn man ihrer sicher ist.

In vielen Situationen ist jedoch sehr wenig bekannt über die Verteilungsform, die zum Experiment gehört. Vielmehr kann die Form selbst Gegenstand eines Hypothesen-Tests sein, wie beim χ^2-Test Nr. 14. Tests, die sich nicht auf Parameter einer bestimmten, vorgegebenen Verteilungsform beziehen, werden „nichtparametrisch" oder „verteilungs-frei" genannt. Solche Methoden beruhen typischerweise nicht auf den speziellen beobachteten Werten der Datensätze, sondern auf den Vorzeichen von Differenzen (Nr. 20), Permutationen, Abzählungen und Anordnungen der Werte. Aber auch diese Tests unterliegen häufig gewissen, allerdings relativ schwachen Voraussetzungen wie Stetigkeit der Wahrscheinlichkeitsdichte oder Existenz von Momenten niedriger Ordnung.

Die vorliegende Programm-Sammlung enthält einige klassische Parameter- wie auch verteilungsfreie Tests. Neben dem Problem des Hypothesen-Tests, aber eng mit ihm zusammenhängend, wird in der schließenden Statistik die Punkt- und Intervall-schätzung von Parametern behandelt. In der Praxis und hier insbesondere in der Meß-technik möchte man häufig unter Voraussetzung der Normalverteilung wissen, in welchem Maße arithmetische Mittel einer Stichprobe den unbekannten wahren Wert der im Experiment untersuchten Größe repräsentiert. Definitionsgemäß ist im Falle der Normalverteilung dieser wahre Wert gleich deren Lageparameter μ (s. Nr. 8). Diese Frage wird in der Statistik unter der Verwendung der Begriffe „Konfidenz- oder Vertrauensintervall mit zugehörigem Konfidenzniveau" (hier für den wahren Wert μ) beantwortet. Dieses Intervall hat Grenzen, die aus dem Mittelwert und der Standortabweichung des Datensatzes gebildet werden (s. Nr. 12). Die Grenzen fluktuieren also zufällig von Stichprobe zu Stichprobe. Sie sind jedoch so konstruiert, daß die Aussage, sie umschlössen den wahren Wert μ, mit einer vorgegebenen gewählten Wahrscheinlichkeit, eben dem *Konfidenzniveau*, richtig ist. Das Vertrauen also, das man dem auf der Basis der Beobachtung angegebenen Intervall hinsichtlich der Überdeckung des wahren Wertes entgegenbringt, ist nur in gewissem Maße (gegeben durch das Konfidenzniveau) gerechtfertigt.

Dieser kurze Abriß einiger grundlegender Überlegungen zur statistischen Auswertung von experimentellen Daten macht nicht genügend klar, daß die Anwendung der Methoden auf in der Praxis sich ergebende Probleme meist mit einigem numerischen Aufwand verbunden ist. Eine Programm-Sammlung der vorliegenden Art ersetzt auf bequeme Weise die früher oft sehr mühseligen, im Grunde jedoch einfachen Rechnungen und erspart außerdem das Nachschlagen in endlosen Tabellenwerken. Nicht erspart jedoch wird das Nachdenken darüber, ob die Voraussetzungen, unter denen die Methoden angewendet werden dürfen, erfüllt sind oder nicht und ebenso, welche sinnvollen Hypothesen für das vorliegende Problem aufgestellt werden sollten und wie das Ergebnis eines Tests unter den gegebenen Umständen interpretiert und eingeordnet werden muß.

Hinweise zu den Programmen

Vorliegender Band enthält 30 BASIC-Programme aus den Bereichen Wahrscheinlichkeitsrechnung Statistik. Durch die Vielzahl der vorhandenen Mikrocomputer ist es nun allgemein möglich, am Schreibtisch statistische Berechnungen durchzuführen.

Das Hauptanliegen des vorliegenden Bandes ist zum einen, Programm für die wichtigsten statistischen Tests bereitzustellen, und zum anderen, geeignete numerische Prozeduren anzugeben, so daß man ohne Tabellenwerke auskommt.

Besondere Berücksichtigung fanden auch nichtparametrische Verfahren, da viele Daten aus dem Bereich der Soziologie, Pädagogik usw. der Nominal- oder Rangskala unterliegen. Im Rahmen des Buches war es nicht möglich, Vollständigkeit anzustreben oder mathematische Beweise für die dargestellten Methoden zu bringen. Hier muß auf die sehr zahlreiche Literatur verwiesen werden.

Behandelt werden folgende Themen:

Monte-Carlo-Simulation (Programme 1—2)
Wahrscheinlichkeitsverteilungen (Progr. 5—8)
Test-Verteilungen (Prog. 13, 16, 18)
Parameter-Schätzung (Progr. 9, 12)
Parametrische Tests (Prog. 14, 17—19)
Nichtparametrische Tests (Progr. 15, 20—26)
Regression (Progr. 27—30)

Die Darstellung ist weitgehend elementar gehalten, wichtige numerische Verfahren sind durch Struktogramme erklärt. Allen Programmen — außer den Verteilungen — ist ein vollständig ausgearbeitetes Beispiel beigefügt.

Die Programme sind in Commodore-BASIC geschrieben. Jedoch wurde auf maschineneigene Befehle — wie Bildschirmsteuerung und Graphik — verzichtet, so daß die Programme ohne größere Änderung auch auf andere BASIC-Computer übertragbar sind. Die erwähnten Programm-Beispiele sind in Form von DATA-Werten angegeben. Ersetzt man die entsprechenden READ- durch INPUT-Anweisungen, so können die jeweiligen Daten auch von Hand eingegeben werden.

Übersicht über die dargestellten Tests

	Fragestellung	Test	Progr.
1 Stichprobe	Prüfung auf vorgegebenen Mittelwert	t-Test Vorzeichen-Test Konfidenzintervall	17 20 12
	Prüfung einer relativen Häufigkeit	Vertrauensbereiche	12
	Anpassung an eine Verteilung	χ^2-Test	14
	Prüfung auf Trend oder Zufälligkeit alternativer Merkmale	Iterationstest	25
2 unabhängige normalverteilte Stichproben	Prüfung auf gleichen Mittelwert	t-Test	17
	Prüfung auf gleiche Varianz	F-Test	18
2 unabhängige Stichproben unbekannter Verteilung	Prüfung auf zwei Merkmale (Dichotomie)	Fisher-Test χ^2-Test	24 15
	Prüfung auf gleiche zentrale Tendenz	Median-Test Mann-Whitney-Test	21 22
	Prüfung auf gleiche Verteilung	χ^2-Test Iterationstest	15 25
2 abhängige normalverteilte Stichproben	Prüfung auf gleichen Mittelwert	t-Test	17
2 abhängige Stichproben unbekannter Verteilung	Prüfung auf gleiche zentrale Tendenz	Vorzeichentest Wilcoxon-Test	20 23
	Prüfung auf Unabhängigkeit von Rangfolgen	Rangkorrelation	26
mehrere normalverteilte Stichproben	Prüfung auf gleichen Mittelwert	einfache Varianzanalyse	19
mehrere abhängige Stichproben unbekannter Verteilung	Prüfung auf gleiche zentrale Tendenz	Gruppierung bezüglich des Medians liefert Mehrfeldertafel	15

MONTE-CARLO-SIMULATION

1 Würfel-Simulation

Das Nachvollziehen eines Zufallsexperiments mit Hilfe von Zufallszahlen nennt man *Monte-Carlo-Simulation.*

Es ist bemerkenswert, daß auch mathematische Probleme — wie Integralrechnung und Lösung von linearen Gleichungssystemen — durch Monte-Carlo-Methoden behandelt werden können. In BASIC ist ein Zufallszahlen-Generator standardmäßig implementiert. Auf den Befehl RND(X) oder einem ähnlichen wird eine im Intervall $]0,1[$ gleichverteilte Zufallszahl erzeugt.

Durch geeignete Multiplikation und Rundung lassen sich auch ganzzahlige Zufallszahlen erzeugen:

$$INT(6 * RND(X)) + 1$$

liefert z. B. Würfelzahlen.

Im folgenden Programm wird das 600-malige Würfeln simuliert. In einer Schleife wird jeweils eine Würfelzahl erzeugt, die entsprechende absolute Häufigkeit weitergezählt, und schließlich werden die relativen Häufigkeiten bestimmt.

Das beim Programm ausgedruckte Ergebnis wird im Progr. 14 mit Hilfe des χ^2-Tests auf Gleichverteilung geprüft. Ferner wird das Würfelergebnis durch einen Signifikanztest (Progr. 10) und durch Aufstellen eines Konfidenzintervalls (Progr. 12) getestet.

```
100 REM SIMULATION DES WUERFELWURFS
110 PRINTCHR$(147)
120 :
130 READ N : REM ANZAHL DER WUERFE
140 DIM H(6)
150 FOR I=1 TO 6
160 H(I)=0
170 NEXT I
180 :
190 REM ERZEUGEN DER ZUFALLSZAHLEN
200 FOR I=1 TO N
210 Z=INT(6*RND(I)+1)
220 H(Z)=H(Z)+1
230 NEXT I
240 :
250 REM AUSGABE
260 PRINT N;"MAL WUERFELN"
270 PRINT
280 PRINT"AUGENZAHL","HAEUFIGK.","REL.HAEUF"
290 PRINT
300 FOR Z=1 TO 6
310 PRINT Z,H(Z),H(Z)/N
320 NEXT Z
330 END
340 :
350 DATA 600
```

```
600 MAL WUERFELN

AUGENZAHL  HAEUFIGK.    REL.HAEUF

    1         90         .15
    2        103         .171666667
    3        114         .19
    4        101         .168333333
    5        103         .171666667
    6         89         .148333333
```

2 Simulation einer normalverteilten Stichprobe

Außer gleichverteilten Zufallszahlen können durch geeignete Transformationen auch solche anderer Verteilungen erzeugt werden.

Sind R, R_1 und R_2 auf $]0,1[$ gleichverteilte Zufallszahlen, so liefert

$$-\frac{1}{\lambda} \ln R$$

poissonverteilte Zufallszahlen mit dem Erwartungswert λ,

$$\sqrt{-2 \ln R_1} \cdot \cos(2\,\pi\,R_2)$$

$$\sqrt{-2 \ln R_1} \cdot \sin(2\,\pi\,R_2)$$

normalverteilte Zufallszahlen mit dem Mittelwert 0 und der Standardabweichung 1, vgl. [1]. Durch Multiplikation mit σ und Addition von μ können daraus (μ, σ)-normalverteilte Zufallszahlen berechnet werden, d. h. die Normalverteilung hat den Mittelwert μ und die Standardabweichung σ.

Als Beispiel wird eine (100,5)-normalverteilte Stichprobe vom Umfang 20 erzeugt.

Wie man am Ausdruck sieht, weicht das Stichproben-Mittel wenig, jedoch die Streuung erheblich von der Standardabweichung ab.

Die im folgenden Programm benützte Methode zur Berechnung des Stichprobenmittels und der Streuung wird bei Progr. 9 erläutert.

```
100 REM ERZEUGUNG E.NORMALVERT.STICHPROBE
110 PRINT CHR$(147);"NORMALVERTEILTE STICHPROBE"
120 :
130 REM EINGABE DER PARAMETER
140 PRINT:INPUT"UMFANG DER STICHPROBE";N
150 PRINT:INPUT"ERWARTUNGSWERT";M
160 PRINT:INPUT"STANDARDABWEICHUNG";S
170 PRINT
180 :
190 DEF FNR(X)=INT(10*X+.5)/10
200 S1=0:S2=0
210 :
220 FOR I=1 TO N/2
230 A=RND(I):B=RND(I+1)
240 REM BOX-MULLER-TRANSFORMATION
250 X=SQR(-2*LOG(A))*COS(2*π*B)
260 Y=SQR(-2*LOG(A))*SIN(2*π*B)
270 X=FNR(M+S*X)
280 Y=FNR(M+S*Y)
290 PRINT X,Y
300 :
310 REM BERECHNUNG DER STICHPROBENPARAMETER
320 S1=S1+X+Y-2*M
330 S2=S2+(X-M)↑2+(Y-M)↑2
340 NEXT I
350 :
360 M=M+S1/N
370 S=SQR((S2-S1↑2/N)/(N-1))
380 PRINT
390 PRINT "STICHPROBENMITTEL=";M
400 PRINT "STICHPROBENSTREUUNG=";S
410 END
```

```
NORMALVERTEILTE  STICHPROBE

UMFANG DER STICHPROBE? 20

ERWARTUNGSWERT? 100

STANDARDABWEICHUNG? 5

    97.2        103
   100.6         98.8
    94.6        106.9
    98.1         94.5
    92.6         99.4
    98.3        100.4
    96.1        103.2
    95.1         98.4
    96.3        107.2
   102          102.6

STICHPROBENMITTEL= 99.265
STICHPROBENSTREUUNG= 4.00621557
```

WAHRSCHEINLICHKEITSRECHNUNG

3 Bayes' Formel

Sind von einem Zufallsexperiment mit den Ereignissen A_i $(1 \leqslant i \leqslant n)$ die Wahrscheinlichkeiten

$$p(A_i) \qquad \text{und} \qquad p(B|A_i)$$

bekannt, so lassen sich mit Hilfe der Formel von *Bayes*

$$p(A_i|B) = \frac{p(A_i)\, p(B|A_i)}{\sum_{K=1}^{n} p(A_k)\, p(B|A_k)}$$

die bedingten Wahrscheinlichkeiten $p(A_i|B)$ berechnen.
Dazu ein *Beispiel:*

In einer bestimmten Gegend wird nach Öl gebohrt. Folgende Wahrscheinlichkeiten sind bekannt:

— Fund einer sehr ergiebigen Ölquelle (Ereignis A_1) 10 %
— Fund einer ergiebigen Ölquelle (Ereignis A_2) 20 %
— Mißerfolg (Ereignis A_3) 70 %

Führt man seismische Test durch, so fällt dieser Test bei

— sehr ergiebigen Ölquellen mit 80 %
— ergiebigen Ölquellen mit 60 %
— sonst mit 30 %

Wahrscheinlichkeit positiv aus (Bedingung B).
Es gilt somit:

$$\begin{aligned}
p(A_1) &= 0{,}1 & p(B|A_1) &= 0{,}8 \\
p(A_2) &= 0{,}2 & p(B|A_2) &= 0{,}6 \\
p(A_3) &= 0{,}7 & p(B|A_3) &= 0{,}3.
\end{aligned}$$

Die totale Wahrscheinlichkeit für einen positiven seismischen Test (Ereignis B) ist somit

$$p(B) = p(A_1)\, p(B|A_1) + p(A_2)\, p(B|A_2) + p(A_3)\, p(B|A_3) = 0{,}41.$$

Für die Ölfirma ist natürlich die umgekehrte Fragestellung interessant: Mit welcher Wahrscheinlichkeit findet sich eine ergiebige Ölquelle, wenn die seismischen Tests positiv ausfallen?

Mit Hilfe der *Bayes' Formel* lassen sich nun die gesuchten Wahrscheinlichkeiten berechnen:

$$p(A_1|B) = \frac{p(A_1)\, p(B|A_1)}{p(B)} = 0{,}195$$

$$p(A_2|B) = \frac{p(A_2)\, p(B|A_2)}{p(B)} = 0{,}293.$$

Die Ölfirma kann also mit den Wahrscheinlichkeiten 19,5 % bzw. 29,3 % mit ergiebigen Ölquellen rechnen, falls die seismischen Tests positiv ausfallen.

Zahlreiche Anwendungen findet die *Bayes' Formel* in der Medizin. Anhand der Wahrscheinlichkeit, mit der eine gewisse Krankheit auftritt und eine Untersuchung (z. B. Röntgen) positiv ausfällt, kann die Wahrscheinlichkeit berechnet werden, mit der der Patient krank ist.

```
100 REM BAYES'FORMEL
110 DIM A(10),P(10)
120 PRINTCHR$(147);"BAYES'FORMEL"
130 :
140 REM EINLESEN DER DATEN
150 READ N :REM ZAHL DER EREIGNISSE
160 S=0
170 REM WAHRSCHEINL.DER DISJ.EREIGNISSE
180 FOR I=1 TO N
190 READ A(I):S=S+A(I)
200 PRINT"WAHRSCHEINL.FUER EREIGNIS";I;"=";A(I)
210 NEXT I:PRINT
220 REM BEDINGT.WAHRSCHEINLICHKEITEN
230 FOR I=1 TO N
240 READ P(I)
250 PRINT "WAHRSCHEINL.FUER X UNTER A(";I;")=";P(I)
260 NEXT I:PRINT
270 :
280 REM PRUEFEN DER EINGABE
290 IF S<>1 THEN PRINT "DIE SUMME DER WAHRSCHEINLICHKEITEN <> 1":END
300 :
310 REM BERECHNUNG DER TOTALEN WAHRSCHEINLICHKEIT
320 T=0
330 FOR I=1 TO N
340 T=T+P(I)*A(I)
350 NEXT I
360 PRINT "TOTALE WAHRSCHEINLICHK.FUER X=";T:PRINT
370 :
380 DEF FNR(X)=INT(1000*X+.5)/1000
390 REM BAYES'FORMEL
400 FOR I=1 TO N
410 B(I)=P(I)*A(I)/T
420 PRINT "WAHRSCHEINL.FUER A(";I;") UNTER X=";FNR(B(I))
430 NEXT I
440 END
450 :
460 DATA 3
470 DATA .1,.2,.7
480 DATA .8,.6,.3
```

```
BAYES'FORMEL

WAHRSCHEINL.FUER EREIGNIS 1 = .1
WAHRSCHEINL.FUER EREIGNIS 2 = .2
WAHRSCHEINL.FUER EREIGNIS 3 = .7

WAHRSCHEINL.FUER X UNTER A( 1 )= .8
WAHRSCHEINL.FUER X UNTER A( 2 )= .6
WAHRSCHEINL.FUER X UNTER A( 3 )= .3

TOTALE WAHRSCHEINLICHK.FUER X= .41

WAHRSCHEINL.FUER A( 1 ) UNTER X= .195
WAHRSCHEINL.FUER A( 2 ) UNTER X= .293
WAHRSCHEINL.FUER A( 3 ) UNTER X= .512
```

4 Markow-Kette

Besteht ein System aus endlich vielen oder abzählbar vielen Zuständen A_i ($1 \leqslant i \leqslant n$) und geht aus dem Zustand A_i in A_k über mit der konstanten Wahrscheinlichkeit

$$p_{ik} = p(A_k | A_i),$$

so heißt es (homogene) *Markow-Kette*. Eine genauere Definition findet sich in [3].

Markow-Ketten werden meist als Matrizen dargestellt, hier für n = 3:

$$
\begin{array}{c}
 \\
A_1 \\
A_2 \\
A_3
\end{array}
\begin{array}{ccc}
A_1 & A_2 & A_3 \\
\left(\begin{array}{ccc} p_{11} & p_{12} & p_{13} \\ p_{21} & p_{22} & p_{23} \\ p_{31} & p_{32} & p_{33} \end{array} \right)
\end{array}
$$

Da die Zustände A_i einen vollständigen Ereignisraum darstellen, müssen alle Zeilensummen der Matrix den Wert 1 haben.

Beispiel: Ist A_1 die Ober-, A_2 die Mittel- und A_3 die Unterschicht einer bestimmten Gesellschaft, so sollen die Kinder mit den Übergangswahrscheinlichkeiten

$$
P = \begin{pmatrix} 0{,}70 & 0{,}15 & 0{,}15 \\ 0{,}10 & 0{,}80 & 0{,}10 \\ 0{,}05 & 0{,}25 & 0{,}70 \end{pmatrix}
$$

wieder zu A_1, A_2 bzw. A_3 gehören.

Ist a_0 die Häufigkeitsverteilung am Anfang, so erhält man durch Multiplikation mit P die Häufigkeitsverteilung a_1 der 1. Generation:

$$a_1 = P a_0.$$

Durch Iteration folgt

$$a_n = P a_{n-1}$$

d. h. ausgehend vom Anfangszustand a_0 lassen sich durch fortgesetztes Multiplizieren mit P alle weiteren Zustände berechnen. Unter gewissen Voraussetzungen hat die Markow-Kette einen stationären Zustand. Dann gilt wegen $a_n = a_{n-1} = a$

$$a = P a,$$

d. h. der stationäre Zustandsvektor a ist Fixpunkt der linearen Gleichung.

Der stationäre Zustandsvektor wird im folgenden Programm nicht über die Fixpunktgleichung berechnet, sondern durch wiederholte Multiplikation mit der Übergangsmatrix P ermittelt. Das Programm endet, wenn sich eine Komponente des Zustandsvektors beim Übergang zur nächsten Periode nur noch um $1 \cdot 10^{-6}$ ändert.

Da der stationäre Zustandsvektor nicht von der Häufigkeitsverteilung a_0 am Anfang abhängt, startet das Programm mit dem Vektor $a_0 = (\frac{1}{n}, \frac{1}{n}, \dots \frac{1}{n})$. Wie der Programmausdruck zeigt, gehören im stationären Zustand 21,5 % der Bevölkerung zur Oberschicht, 50,8 % zur Mittelschicht und 27,7 % zur Unterschicht.

```
100 REM MARKOW-KETTE
110 PRINTCHR$(147);"MARKOW-KETTE"
120 :
130 READ N
140 DIM A(N,N),V1(N),V2(N)
150 FOR I=1 TO N
160 : FOR K=1 TO N
170 : : READ A(I,K)
180 : NEXT K
190 NEXT I
200 FOR I=1 TO N
210 : V1(I)=1/N
220 NEXT I
230 Z=0
240 :
250 Z=Z+1
260 FOR I=1 TO N
270 : FOR J=1 TO N
280 : : V2(I)=V2(I)+V1(J)*A(J,I)
290 : NEXT J
300 NEXT I
310 :
320 PRINT"ZUSTANDSVEKTOR DER";Z;".PERIODE"
330 FOR I=1 TO N
340 PRINT V2(I)
350 NEXT I:PRINT:PRINT
360 :
370 FOR I=1 TO N
380 IF ABS(V2(I)-V1(I))<1E-6 THEN END
390 V1(I)=V2(I)
400 V2(I)=0
410 NEXT I
420 GOTO 250
430 :
440 DATA 3
450 REM MARKOW-KETTE
460 DATA .7,.15,.15
470 DATA .1,.8,.1
480 DATA .05,.25,.7
```

```
MARKOW-KETTE


ZUSTANDSVEKTOR DER 16 .PERIODE
 .215376658
 .507662103
 .27696124
```

5 Binomial-Verteilung

Wird ein Zufallsexperiment, das mit der Wahrscheinlichkeit p gelingt, n mal durchgeführt und beeinflussen sich die Ergebnisse des Experiments nicht, so ist die Trefferzahl k binomialverteilt nach B (n, k, p). Es gilt

$$B(n, k, p) = \binom{n}{k} \cdot p^k q^{n-k},$$

wobei $q = 1 - p$. Der *Binomialkoeffizient* $\binom{n}{k}$ gibt die Zahl der Möglichkeiten an, k Dinge aus n auszuwählen.

Die Binomialverteilung kann mit Hilfe des sog. Urnenschemas veranschaulicht werden:

In einer Urne befinden sich verschiedenfarbige Kugeln, darunter auch rote. Nun wird n mal eine Kugel zufällig gezogen und zurückgelegt; dadurch bleibt die Wahrscheinlichkeit, eine rote Kugel zu ziehen, unverändert. Die Wahrscheinlichkeit, dabei k rote Kugeln zu ziehen, ist binomialverteilt.

Die Wahrscheinlichkeiten werden im folgenden Programm rekursiv berechnet:

$$B(n, k, p) = B(n, k - 1, p) \cdot \frac{n - k + 1}{k} \cdot \frac{p}{q}$$

ausgehend vom Anfangswert $B(n, 0, p) = q^n$. Addiert man die Wahrscheinlichkeiten B (n, k, p) auf, so erhält man die summierte Verteilungsfunktion.

Als Beispiel zur Binomialverteilung wird das *Galtonbrett* behandelt, siehe folgende Graphik (entnommen aus [5]).

Bei 9 Nagelreihen fällt die Kugel mit gleicher Wahrscheinlichkeit nach links oder rechts. Zählt man das Nach-rechts-Fallen als Treffer (p = 0,5), so gilt für die Wahrscheinlichkeit in den k-ten Korb zu fallen

$$\binom{9}{k} \cdot 0{,}5^9,$$

wobei die Körbe — mit 0 beginnend — von links nach rechts gezählt werden.

Multipliziert man die im Programm-Ausdruck erhaltenen Werte mit der Anzahl der Versuche — hier 100 —, so erhält man die Erwartungswerte für die Kugeln in den Körben:
0,2,7,16,25,25,16,7,2,0.

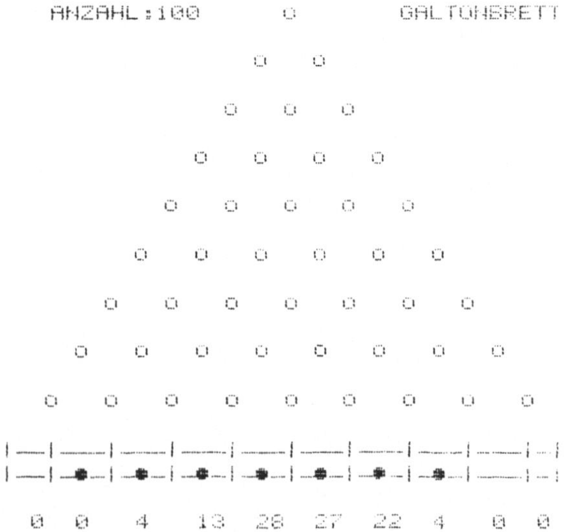

Ob die Abweichung der experimentellen von den theoretischen Werten signifikant ist, kann mit Hilfe des χ^2-Tests (Progr. 14) entschieden werden.

```
100 REM BINOMIALVERTEILUNG
110 PRINTCHR$(147);"BINOMIALVERTEILUNG"
120 :
130 PRINT:INPUT"ZAHL DER ZIEHUNGEN";N
140 PRINT:INPUT"TREFFERWAHRSCH.";P
150 :
160 PRINT:PRINT"TREFF.";"WAHRSCH.","SUMM.WAHRSCH."
170 PRINT
180 :
190 REM REKURSIVE BERECHNUNG DER WAHRSCHEINLICHKEITEN
200 Q=1-P:B=Q↑N:S=B
210 PRINT " 0";B,S
220 FOR K=1 TO N
230 B=B*(N-K+1)*P/(K*Q)
240 S=S+B
250 PRINTK;B,S
260 NEXT K
270 END
```

```
BINOMIALVERTEILUNG

ZAHL DER ZIEHUNGEN? 9

TREFFERWAHRSCH.? .5

TREFF. WAHRSCH.        SUMM.WAHRSCH.

0   1.953125E-03       1.953125E-03
1    .017578125        .01953125
2    .0703125          .08984375
3    .1640625          .25390625
4    .24609375         .5
5    .24609375         .74609375
6    .1640625          .91015625
7    .0703125          .98046875
8    .017578125        .998046875
9   1.953125E-03       1
```

6 Hypergeometrische Verteilung

Bei vielen Zufallsprozessen, wie dem Ziehen von Lottozahlen oder Spielkarten, trifft das Urnenmodell mit Zurücklegen nicht zu, da eine Lottozahl oder eine Spielkarte nicht mehrfach auftreten kann. Das Urnenschema ohne Zurücklegen ist ein Modell der Hypergeometrischen Verteilung:

Werden von insgesamt N Kugeln, davon M roten, n Kugeln gezogen, erhält man mit der Wahrscheinlichkeit

$$H(N, M, n, k) = \frac{\binom{M}{k} \binom{N-M}{n-k}}{\binom{N}{n}}$$

k rote Kugeln.

Ausgehend von $H(N, M, n, O) = \dfrac{\binom{N-M}{n}}{\binom{N}{n}}$

lassen sich die *hypergeometrischen Wahrscheinlichkeiten* rekursiv berechnen nach:

$$H(N, M, n, k+1) = H(N, M, n, k) \cdot \frac{(M-k)(n-k)}{(k+1)(N-M-n+k+1)}.$$

Im folgenden Programm werden diese Wahrscheinlichkeiten aufsummiert und so die summierte Verteilungsfunktion bestimmt. Eine wichtige Anwendung in der Statistik findet die hypergeometrische Verteilung im *Fisher-Test* (siehe Progr. 24).

Als Beispiel soll das Ziehen von Lottozahlen (ohne Zusatzzahl) behandelt werden. Die Wahrscheinlichkeit für k Richtige im Lotto ist

$$\frac{\binom{6}{k} \binom{43}{6-k}}{\binom{49}{6}}.$$

Die entsprechenden Werte können dem Programmausdruck entnommen werden.

```
100 REM HYPERGEOMETRISCHE VERTEILUNG
110 PRINTCHR$(147);"HYPERGEOMETR.VERTEILUNG"
120 :
130 PRINT:INPUT"GESAMTZAHL DER KUGELN";Z
140 PRINT:INPUT"ZAHL DER GESUCHTEN KUGELN";M
150 IF M>=Z THEN 140
160 PRINT:INPUT"WIEVIELE KUGELN WERDEN OHNE ZURUECKLEGEN GEZOGEN";N
170 IF N>M THEN 160
180 :
190 REM BERECHNUNG DER WAHRSCHEINLICHKEIT FUER 0 TREFFER
200 X=M:Y=0:GOSUB 370
210 H=B
220 X=Z-M:Y=N:GOSUB 370
230 H=H*B
240 X=Z:Y=N:GOSUB 370
250 H=H/B:S=H
260 PRINT:PRINT"TREFF.","WAHRSCH.","SUMM.WAHRSCH."
270 PRINT" 0",H
280 :
290 REM REKURSIVE BERECHNUNG DER HYPERGEO. WAHRSCHEINLICHKEITEN
300 FOR K=1 TO N
310 :   H=H*(M-K+1)*(N-K+1)/K/(Z-M-N+K)
320 S=S+H
330 PRINT K;H,S
340 NEXT K
350 END
360 :
370 REM UNTERPROGRAMM FUER BINOMIALKOEFFIZIENTEN
380 B=1
390 IF Y=0 THEN 430
400 FOR I=1 TO Y
410 :   B=B*(X-I+1)/I
420 NEXT I
430 RETURN
```

```
HYPERGEOMETR. VERTEILUNG

GESAMTZAHL DER KUGELN? 49

ZAHL DER GESUCHTEN KUGELN? 6

WIEVIELE KUGELN WERDEN OHNE ZURUECKLEGEN GEZOGEN? 6

TREFF.      WAHRSCH.          SUMM.WAHRSCH.
 0          .435964976        .435964976
 1          .41301945         .848984426
 2          .132378029        .981362455
 3          .0176504039       .999012859
 4          9.68619725E-04    .999981479
 5          1.84498995E-05    .999999929
 6          7.15112385E-08    1
```

7 Poisson-Verteilung

Für eine große Zahl von Versuchen $(n > 10)$ und kleiner Wahrscheinlichkeit $(p < 0,05)$ geht die Binomialverteilung in die sog. Poisson-Verteilung über. Für den Erwartungswert λ der Poisson-Verteilung $P(\lambda, k)$ gilt somit

$$\lambda = np \qquad \text{und} \qquad P(\lambda, k) = \frac{\lambda^k}{k!}\, e^{-\lambda};$$

wobei k! das Produkt aller natürlichen Zahlen von 1 bis k bedeutet.

Ausgehend von

$$P(\lambda, 0) = e^{-\lambda}$$

lassen sich die *Poisson-Wahrscheinlichkeiten* nach der Rekursionsformel

$$P(\lambda, k + 1) = P(\lambda, k) \cdot \frac{\lambda}{k + 1} \qquad \text{berechnen.}$$

Für die Poisson-Verteilung finden sich in der Literatur zahlreiche Anwendungen (vgl. [9]).

Beispiel: Die mittlere Kinderzahl je Familie der Bundesrepublik beträgt 1,6. Mit Hilfe der Poisson-Verteilung soll die Wahrscheinlichkeit berechnet werden, daß eine Familie 0—10 Kinder hat.

Wie der Programm-Ausdruck ergibt, haben 20 % der Familien kein Kind, 32 % 1 Kind, 26 % 2 Kinder und 14 % 3 Kinder. Wieweit die Kinderzahl tatsächlich poissonverteilt ist, könnte an Hand einer geeigneten Statistik geprüft werden.

```
100 REM POISSONVERTEILUNG
110 PRINTCHR$(147);"POISSONVERTEILUNG"
120 :
130 PRINT:INPUT"ERWARTUNGSWERT";LAMBDA
140 PRINT:INPUT"MAX.TREFFERZAHL";N
150 PRINT:PRINT"TREFF.","WAHRSCH.","SUMM.WAHRSCH."
160 :
170 REM REKURSIVE BERECHNUNG DER WAHRSCHEINLICHKEITEN
180 P=EXP(-LAMBDA):S=P
190 PRINT " 0";P,S
200 FOR K=1 TO N
210 P=P*LAMBDA/K
220 S=S+P
230 PRINT K;P,S
240 NEXT K
250 END
```

```
POISSONVERTEILUNG

ERWARTUNGSWERT? 1.6

MAX.TREFFERZAHL? 10

TREFF.  WAHRSCH.            SUMM.WAHRSCH.
   0    .201896518          .201896518
   1    .323034429          .524930947
   2    .258427543          .78335849
   3    .137828023          .921186513
   4    .0551312092         .976317722
   5    .0176419869         .993959709
   6    4.70452985E-03      .998664239
   7    1.07532111E-03      .99973956
   8    2.15064222E-04      .999954625
   9    3.82336395E-05      .999992858
  10    6.11738231E-06      .999998976
```

8 Normalverteilung

Im Gegensatz zu den bisher behandelten diskreten Verteilungen hat die Normalverteilung einen stetigen Definitionsbereich. Die *Bedeutung der Normalverteilung* liegt darin, daß

a) sehr viele Zufallsgrößen in Natur und Technik normalverteilt sind
b) viele nicht-normalverteilte Zufallsgrößen sich durch eine geeignete Transformation in die Normalverteilung überführen lassen
c) viele andere Verteilungen im Grenzfall in die Normalverteilung übergehen.

Die Verteilungsfunktion der (μ, σ)-Normalverteilung ist

$$\phi(x) = \frac{1}{\sigma\sqrt{2\pi}} \int_{-\infty}^{x} e^{-((x-\mu)/\sigma)^2/2}\, dx.$$

Für eine standardisierte Zufallsgröße $z = \dfrac{x - \mu}{\sigma}$ folgt

$$\phi(z) = \frac{1}{\sqrt{2\pi}} \int_{-\infty}^{z} e^{-x^2/2}\, dx.$$

Da dieses Integral nicht elementar berechnet werden kann, wird $\phi(z)$ nach [1] wie folgt approximiert:

<table>
<tr><td colspan="2" align="center">Normalverteilung</td></tr>
<tr><td colspan="2" align="center">Eingabe "z-Wert" : z</td></tr>
<tr><td colspan="2">

$p := .2316419 \qquad ; \quad x := \dfrac{1}{p \cdot |z| + 1}$

$b_5 := 1.330274429 \;\; ; \quad b_4 := -1.821255978$

$b_3 := 1.781477937 \;\; ; \quad b_2 := -.356556382$

$b_1 := .319381530$

$w := b_5 x^5 + b_4 x^4 + b_3 x^3 + b_2 x^2 + b_1 x$

$w := w\, e^{-x^2/2} / \sqrt{2\pi}$

</td></tr>
<tr><td colspan="2" align="center">z < 0</td></tr>
<tr><td align="left">j</td><td align="right">n</td></tr>
<tr><td>Ausgabe "Wert d.
Normalverteilung=":

w</td><td>Ausgabe "Wert d.
Normalverteilung=":

1 − w</td></tr>
</table>

Das Programm berechnet auch noch die Umkehrfunktion der Normalverteilung, die für viele Anwendungen gebraucht wird (vgl. die Progr. 10–12).

Die inverse Normalverteilung wird
nach [1] wie folgt berechnet:

Inverse Normalverteilung

Eingabe "Irrtumswahrsch." : α

$$t := \sqrt{\ln\left(1/\alpha^2\right)}$$

$$c_2 := .010328 \; ; \; c_1 := .802853$$

$$c_0 := 2.515517$$

$$c := c_2 t^2 + c_1 t + c_0$$

$$d_3 := .001308 \; ; \; d_2 := .189269$$

$$d_1 := 1.432788 \; ; \; d_0 := 1$$

$$d := d_3 t^3 + d_2 t^2 + d_1 t + d_0$$

$$z := t - \frac{c}{d}$$

Ausgabe "z-Wert=" : z

```
100 REM NORMALVERTEILUNG UND UMKEHRFUNKTION
110 PRINTCHR$(147)
120 :
130 PRINT"NORMALVERTEILUNG (1) ODER UMKEHRFUNKTION (2) GESUCHT?"
140 INPUT A
150 ON A GOTO 180,330
160 GOTO 130
170 :
180 P=.2316419:B5=1.330274429
190 B4=-1.821255978:B3=1.781477937
200 B2=-.356563782:B1=.319381530
210 :
220 PRINT:INPUT"Z-WERT";Z
230 X=1/(1+P*ABS(Z))
240 W=(((((B5*X+B4)*X+B3)*X+B2)*X+B1)*X
250 W=W*EXP(-Z*Z/2)/SQR(2*π)
260 IF SGN(Z)<0 THEN 280
270 W=1-W
280 PRINT:PRINT "Z-WERT=";Z
290 PRINT:PRINT "WERT DER NORMALVERTEILUNG=";W
300 PRINT:PRINT"RESTWAHRSCH.=";1-W
310 END
320 :
330 REM BERECHNUNG DER INVERSEN NORMALVERTEILUNG
340 :
350 C2=.010328:C1=.802853:C0=2.515517
360 D3=.001308:D2=.189269:D1=1.432788
370 D0=1
380 :
390 PRINT:INPUT"WELCHE IRRTUMSWAHR.";P
400 IF P>.5 THEN PRINT "ANDEREN WERT EINGEBEN":GOTO 390
410 T=SQR(LOG(1/P↑2))
420 C=(C2*T+C1)*T+C0
430 D=((D3*T+D2)*T+D1)*T+D0
440 Z=T-C/D
450 DEFFNR(X)=INT(1E4*X+.5)/1E4
460 PRINT:PRINT "Z=";FNR(Z)
470 END
```

STATISTIK

9 Stichprobenparameter

Der Mittelwert und die Streuung einer nichtgruppierten Stichprobe vom Umfang n berechnet sich nach den Formeln

$$m = \frac{1}{n} \sum_{i=1}^{n} x_i$$

$$s = \sqrt{\frac{\Sigma x_i^2 - \frac{1}{n}(\Sigma x_i)^2}{n-1}}$$

Der Berechnungsvorgang wird durch folgendes Struktogramm beschrieben:

<table>
<tr><td colspan="2">Stichprobenparameter (ungruppiert)</td></tr>
<tr><td colspan="2">Eingabe des Stichprobenumfangs n</td></tr>
<tr><td colspan="2">$s_x := 0$; $s_q := 0$</td></tr>
<tr><td colspan="2">für i := 1 erhöhe um 1 bis n</td></tr>
<tr><td>wieder-
hole</td><td>Eingabe "Stichpr.wert" :x

$s_x := s_x + x$
$s_q := s_q + x^2$</td></tr>
<tr><td colspan="2">$m := s_q/n$
$v := \dfrac{ns_q - s_x^2}{n(n-1)}$; $s := \sqrt{v}$</td></tr>
<tr><td colspan="2">Ausgabe "Mittelwert=" : m
"Streuung=" : s</td></tr>
</table>

Ist die Stichprobe gruppiert — wie es meist bei umfangreichen Stichproben der Fall ist —, so benützt das folgende Programm das Verfahren des provisorischen Mittelwerts, und zwar wird der Mittelwert d des 1. Intervalls genommen.

Dabei wird vorausgesetzt, daß alle Intervalle die gleiche Länge b haben:

<table>
<tr><td colspan="2">Stichprobenparameter (gruppiert)</td></tr>
<tr><td colspan="2">Eingabe "Intervallbreite" : b
       "Anzahl d. Gruppen" : k
       "1.Intervallmitte" : d</td></tr>
<tr><td colspan="2">$n := 0 \;; r := 0; t := 0$</td></tr>
<tr><td colspan="2">für i := 1 erhöhe um 1 bis k</td></tr>
<tr><td>wieder-
hole</td><td>Eingabe "Häufigkeit" : h
$n := n + h$
$r := r + h \cdot (i - 1)$
$t := t + h \cdot (i - 1)^2$</td></tr>
<tr><td colspan="2">$m := d + \dfrac{br}{n}$

$v := b^2 (t - r^2/n)/(n - 1) \;; s := \sqrt{v}$</td></tr>
<tr><td colspan="2">Ausgabe "Mittelwert" : m
       "Streuung" : s</td></tr>
</table>

Beispiel: Es sollen das Mittel und die Streuung folgender gruppierter Stichprobe (vgl. Progr. 27) berechnet werden:

Körpergröße von 648 Männern im Alter von 20—25 Jahren

cm	157.5	161.5	165.5	169.5	173.5	177.5	181.5	185.5
	22	71	136	169	139	71	32	8

Eingabe der Daten ins Programm liefert (gerundet)

    m = 170 (cm) und s = 6 (cm).

Für die oben angegebenen Formeln für Mittelwert und Varianz einer gruppierten Stichprobe findet sich in der Literatur (vgl. [9]) noch ein Korrekturterm nach *Sheppard*, der hier nicht benützt wurde.

Dieses Beispiel wird neben anderen bei Programm 14 benützt, um die Anpassung der Stichprobe an eine (170,6)-Normalverteilung zu testen.

Das Programm kann insbesondere benützt werden, um die für die Durchführung des t- bzw. F-Tests benötigten Daten zu ermitteln.

```
100 REM STICHPROBENPARAMETER
110 PRINT CHR$(147)
120 :
130 DEF FNR(X)=INT(1E4*X+.5)/1E4
140 INPUT"STICHPROBENWERTE GRUPPIERT";A$
150 IF MID$(A$,1,1)="J" THEN 330
160 :
170 REM NICHTGRUPPIERTE DATEN
180 PRINT:INPUT"STICHPROBENUMFANG";N
190 SX=0:SQ=0
200 FOR I=1 TO N
210 PRINT "WERT NR.";I;:INPUT X
220 SX=SX+X:SQ=SQ+X*X
230 NEXT I
240 :
250 REM MITTEL UND STREUUNG
260 M=SX/N
270 V=(N*SQ-SX↑2)/N/(N-1)  : REM VARIANZ
280 S=SQR(V)
290 PRINT "STICHPROBENMITTEL=";FNR(M)
300 PRINT:PRINT "STREUUNG=";FNR(S)
310 END
320 :
330 REM GRUPPIERTE DATEN
340 PRINT:INPUT"INTERVALLBREITE";B
350 PRINT:INPUT"ANZAHL DER GRUPPEN";K
360 PRINT:INPUT"1.INTERVALLMITTE";D
370 PRINT:N=0:R=0:T=0
380 FOR I=1 TO K
390 PRINT"HAEUFIGKEIT DER";I;".GRUPPE";:INPUT H
400 N=N+H:R=R+H*(I-1):T=T+H*(I-1)↑2
410 NEXT I
420 :
430 REM MITTEL UND STREUUNG
440 M=D+B*R/N
450 V=B↑2*((T-R↑2/N)/(N-1))  : REM VARIANZ
460 S=SQR(V)
470 PRINT:PRINT "STICHPROBENMITTEL=";FNR(M)
480 PRINT:PRINT "STREUUNG=";FNR(S)
490 END
```

STICHPROBENPARAMETER

STICHPROBENWERTE GRUPPIERT? JA

INTERVALLBREITE? 4
ANZAHL DER GRUPPEN? 8
1.INTERVALLMITTE? 157.5

HAEUFIGKEIT DER 1 .GRUPPE? 22
HAEUFIGKEIT DER 2 .GRUPPE? 71
HAEUFIGKEIT DER 3 .GRUPPE? 136
HAEUFIGKEIT DER 4 .GRUPPE? 169
HAEUFIGKEIT DER 5 .GRUPPE? 139
HAEUFIGKEIT DER 6 .GRUPPE? 71
HAEUFIGKEIT DER 7 .GRUPPE? 32
HAEUFIGKEIT DER 8 .GRUPPE? 8

STICHPROBENMITTEL= 169.9012
STREUUNG= 5.9891

10 Signifikanztest mit Normalverteilung

Als Beispiel für einen Signifikanztest soll ein Würfel getestet werden. Nimmt man an, daß der Würfel ideal ist, so lautet die Nullhypothese

$$H_0 : p\,(\text{Sechser}) = \frac{1}{6}\,,$$

wobei die Augenzahl 6 durch eine beliebige andere ersetzt werden kann.

Die Anzahl der Sechsen bei einer Wurfreihe z. B. von 600 Würfen ist binomialverteilt, aber wegen

$$npq > 9$$

darf mit der Normalverteilung gerechnet werden.

Der Erwartungswert μ ist somit

$$\mu = np = 100$$

und die Standardabweichung

$$\sigma = \sqrt{npq} = 9{,}13\,.$$

Je nach Größe der *Irrtumswahrscheinlichkeit* α wird man ein Schwanken der Sechserzahl um den Erwartungswert in Kauf nehmen. Bei $\alpha = 5\,\%$ und einem zweiseitigen Test darf die Sechserzahl eine gewisse Abweichung nach oben und unten nur mit je 2,5 % über- bzw. unterschreiten. Dieser zugehörige z-Wert (97,5 %-Quantil), für den die Normalverteilung den Wert $1-0{,}025$ annimmt, beträgt etwa 1,96.

Die Anzahl der Sechser darf also um das 1,96-fache der Standardabweichung um den Erwartungswert schwanken.

Daraus ergibt sich das Intervall

$$[100 - 1{,}96 \cdot 9{,}13,\ \ 100 + 1{,}96 \cdot 9{,}13]$$

oder gerundet

$$[83,\ 117]\,.$$

Dieses Intervall heißt *Annahmebereich* (der Nullhypothese). Zeigt ein Würfel bei 600 Würfen also weniger als 83 oder mehr als 117 Sechser, so wird man ihn als verfälscht ansehen. Ein Vergleich mit den Ergebnissen von Progr. 1 zeigt, daß alle Wurfzahlen sich im Annahmebereich befinden. Hat man jedoch den Verdacht, daß der Würfel zuwenig Sechser bringt, so testet man einseitig: $H_0 : p \geqslant \frac{1}{6}$. Das Programm liefert dafür den *Ablehnungsbereich* [0, 84].

```
100 REM SIGNIFIKANZTEST MIT NORMALVERTEILUNG
110 PRINT CHR$(147)
120 :
130 PRINT "(1)   NULLHYPOTHESE P<=P0"
140 PRINT:PRINT:PRINT:PRINT:PRINT
150 PRINT "(2)   NULLHYPOTHESE P>=P0"
160 PRINT:PRINT:PRINT:PRINT:PRINT
170 PRINT "(3)   NULLHYPOTHESE P<>P0"
180 PRINT:PRINT:PRINT:PRINT
190 INPUT"ART DER NULLHYPOTHESE";H
200 IF H<>1 AND H<>2 AND H<> 3 THEN 190
210 :
220 PRINT:PRINT"TEST MIT NORMALVERTEILUNG"
230 PRINT:INPUT"ZU TESTENDE WAHRSCHEINL.P0";P
240 IF P<=0 OR P>=1 THEN 230
250 PRINT:INPUT"STICHPROBENUMFANG";N
260 PRINT:INPUT"IRRTUMSWAHRSCH.";A
270 IF A<=0 OR A>.5 THEN 260
280 :
290 IF H=3 THEN 350
300 REM EINSEITIGER TEST
310 Q=A:GOSUB 540
320 GOTO 380
330 :
340 REM ZWEISEITIGER TEST
350 Q=A/2:GOSUB 540
360 :
370 REM BERECHNUNG DES ERWARTUNGSWERTES UND STANDARDABWEICHUNG
380 M=N*P
390 S=SQR(N*P*(1-P))
400 :
410 REM BERECHNUNG DES ANNAHMEBEREICHS
420 PRINT:PRINT "ABLEHNUNGSBEREICH"
430 ON H GOTO 440,460,480
440 K=INT(M+S*Z+1)
450 PRINT"[";K;"..";N;"]";:END
460 K=INT(M-S*Z)
470 PRINT"[";"0";"..";K;"]":END
480 K1=INT(M-S*Z+.5)
490 K2=INT(M+S*Z+1)
500 PRINT"[";"0";"..";K1;"]";
510 PRINT"[";K2;"..";N;"]"
520 END
530 :
540 REM BERECHNUNG DER INVERSEN NORMALVERTEILUNG
550 C2=.010328:C1=.802853:C0=2.515517
560 D3=.001308:D2=.189269:D1=1.432788
570 D0=1
580 T=SQR(LOG(1/Q↑2))
590 C=(C2*T+C1)*T+C0
600 D=((D3*T+D2)*T+D1)*T+D0
610 Z=T-C/D
620 DEFFNR(X)=INT(1E4*X+.5)/1E4
630 Z=INT(1E4*Z+.5)/1E4
640 RETURN
```

11 Alternativtest mit Normalverteilung

Der Alternativtest trifft im Gegensatz zum Signifikanztest eine Entscheidung über zwei zur Diskussion stehende Wahrscheinlichkeiten. Dadurch ist es möglich, die Wahrscheinlichkeit zu berechnen, mit der man irrt, wenn man die Nullhypothese beibehält, obwohl sie falsch ist. Man nennt dies den *Fehler 2. Art*.

Beispiel: Eine Firma stellt eine Ware her mit 5 bzw. 15 % Ausschußanteil. Ein Händler möchte durch eine Stichprobe entscheiden, welche Qualität der Ware vorliegt.

Die Null- bzw. Alternativ-Hypothese lautet

$$H_0 : p = 0,05 \qquad \text{und} \qquad H_1 : p = 0,15.$$

Zu gegebener Irrtumswahrscheinlichkeit α (Fehler 1. Art) läßt sich wie bei Progr. 10 ein Annahmebereich und daraus der Fehler 2. Art β berechnen.

Man kann aber auch α und β vorgeben und den dazu gehörenden Annahmebereich ermitteln.

Testet man H_0 zweiseitig und H_1 einseitig, so folgt nach dem Standardisieren

$$\frac{x - 0,05\,n}{\sqrt{n \cdot 0,05 \cdot 0,95}} = 1,96 \qquad (\alpha = 5\,\%)$$

und

$$\frac{x - 0,15\,n}{\sqrt{n \cdot 0,15 \cdot 0,85}} = -1,645 \qquad (\beta = 5\,\%).$$

Umformen ergibt

$$x - 0,05\,n = 0,427\,\sqrt{n}$$
$$x - 0,15\,n = -0,587\,\sqrt{n}$$

mit der Lösung $n = 103$. Daraus berechnet sich der Annahmebereich zu $[0, 10]$ für den Stichprobenumfang 103.

```
100 REM ALTERNATIVTEST MIT NORMALVERTEILUNG
110 :
120 PRINTCHR$(147)"ALTERNATIVTEST MIT NORMALVERTEILUNG"
130 PRINT
140 INPUT"WAHRSCHEINL.DER NULLHYPOTHESE";P0
150 INPUT"FEHLER 1.ART";A
160 IF A>.5 THEN PRINT"ALPHA MUSS <=.5 SEIN":END
170 Q=A/2:GOSUB 420
180 A=Z
190 :
200 PRINT
210 INPUT"WAHRSCHEINLICHK.DER ALTERNATIVHYPOTHESE";P1
220 INPUT"FEHLER 2.ART";B
230 IF B>.5 THEN PRINT"BETA MUSS <=.5 SEIN":END
240 Q=B:GOSUB 420
250 B=-Z
260 :
270 REM STICHPROBENUMFANG
280 N=(SQR(P0*(1-P0))*A-SQR(P1*(1-P1))*B)/(P1-P0)
290 N=INT(N*N+1)
300 PRINT
310 PRINT "STICHPROBENUMFANG=";N
320 PRINT
330 :
340 REM BERECHNUNG DES ANNAHMEBEREICHS
350 X=P0*N+SQR(P0*(1-P0)*N)*A
360 X=INT(X+1)
370 E=INT(N*P0+.5)
380 S=X-E
390 PRINT "ANNAHMEBEREICH DER NULLHYP. [";E-S;",";E+S;"]"
400 END
410 :
420 REM BERECHNUNG DER INVERSEN NORMALVERTEILUNG
430 C2=.010328:C1=.802853:C0=2.515517
440 D3=.001308:D2=.189269:D1=1.432788
450 D0=1
460 T=SQR(LOG(1/Q↑2))
470 C=(C2*T+C1)*T+C0
480 D=((D3*T+D2)*T+D1)*T+D0
490 Z=T-C/D
500 Z=INT(1E4*Z+.5)/1E4
510 RETURN
READY.
```

12 Vertrauensbereiche

Hat man auf Grund eines Zufallsexperiments eine relative Häufigkeit h oder ein Stichprobenmittel erhalten, so sucht man nach einem Intervall, in dem sich der gesuchte (wahre) Wert mit einer gewissen Sicherheit befindet. Ein solches Intervall heißt Vertrauensbereich oder *Konfidenzintervall* zum gewählten Vertrauensniveau $1 - \alpha$.

Der Vertrauensbereich einer relativen Häufigkeit h bei großem Stichprobenumfang ist (vgl. [4]):

$$\left[\frac{h + \frac{z_{1-\alpha}^2}{2n} - z_{1-\alpha} \sqrt{\frac{h(1-h)}{n} + \frac{z_{1-\alpha}^2}{4n^2}}}{1 + \frac{z_{1-\alpha}^2}{n}} \; ; \; \frac{h + \frac{z_{1-\alpha}^2}{2n} + z_{1-\alpha} \sqrt{\frac{h(1-h)}{n} + \frac{z_{1-\alpha}^2}{4n^2}}}{1 + \frac{z_{1-\alpha}^2}{n}} \right]$$

dabei ist n der Stichprobenumfang und $z_{1-\alpha}$ das zum Vertrauensniveau $1 - \alpha$ gehörende Quantil der Normalverteilung. Für kleine Stichproben muß der Test für den Parameter p einer Binomialverteilung verwendet werden (siehe dazu [8]).

Der Vertrauensbereich des Mittelwerts einer normalverteilten Stichprobe ist nach [8]:

$$\left[m - t_{1-\alpha, \, n-1} \cdot \frac{s}{\sqrt{n}} \; ; \; m + t_{1-\alpha, \, n-1} \cdot \frac{s}{\sqrt{n}} \right]$$

dabei sind n, m, s die Stichproben-Parameter und $t_{1-\alpha, \, n-1}$ das zum gewählten Vertrauensniveau $1 - \alpha$ und zum Freiheitsgrad $n - 1$ gehöriges Quantil der t-Verteilung. Die im Programm benötigten z- und t-Quantile werden analog wie in den Programmen 8 und 16 berechnet.

1. Beispiel: Da die im Programm 1 erhaltene relative Häufigkeit 0,19 für die Augenzahl 3 stark von der Wahrscheinlichkeit $\frac{1}{6}$ abweicht, wird, wird Vertrauensbereich zum Niveau 95 % bestimmt: Mit $z_{96\%} = 1.645$ ergibt sich das Intervall $[.16507 \, ; .21771]$. Da $1/6$ darin enthalten ist, kann der Würfel noch als ideal angesehen werden.

2. Beispiel: Die im Programm 2 gezogene Stichprobe vom Umfang 20 hat das Mittel 99,27 und die Streuung 4,01. Zum Vertrauensniveau 95 % erhält man mit $t_{97.5\%, 19} = 2.09$ das Intervall $[97,35 \, ; 101,19]$, welches das theoretische Mittel $\mu = 100$ einschließt.

```
100 REM KONFIDENZINTERVALLE F.HAEUFIGKEITEN UND MITTELWERTE
110 PRINTCHR$(147)
120 :
130 DEF FNR(X)=INT(1E4*X+.5)/1E4
140 PRINT"KONFIDENZINTERVALL FUER REL.HAEUFIG.(1) ODER MITTELWERT(2)"
150 INPUT A
160 ON A GOTO 190,350
170 GOTO 140
180 :
190 REM KONFIDENZINTERVALL FUER HAEUFIGKEITEN
200 PRINT:INPUT"EINGABE DER REL.HAEUFIGKEIT";H
210 IF H<=0 OR H>=1 THEN 200
220 PRINT:INPUT"STICHPROBENUMFANG";N
230 PRINT:INPUT"SICHERHEITSWAHRSCHEINL.";A
240 IF A<=.5 OR A>=1 THEN 230
250 Q=1-A:GOSUB 570
260 :
270 REM BERECHNUNG DER INTERVALLGRENZEN
280 B=1+X↑2/N
290 C=H+X↑2/(2*N)
300 D=SQR(H*(1-H)/N+X↑2/(4*N↑2))
310 H1=FNR((C-X*D)/B):H2=FNR((C+X*D)/B)
320 PRINT:PRINT "KONFIDENZINTERVALL [";H1;",";H2"]"
330 END
340 :
350 REM KONFIDENZINTERVALL FUER STICHPROBENMITTEL
360 PRINT:INPUT"STICHPROBENUMFANG";N
370 PRINT:INPUT"STICHPROBENMITTEL";M
380 PRINT:INPUT"STANDARDABWEICHUNG";S
390 PRINT:INPUT"SICHERHEITSWAHRSCH";P
400 Q=(1-P)/2
410 GOSUB 570
420 REM BERECHNUNG DER INVERSEN T-VERTEILUNG
430 F=N-1
440 G1=(X*X+1)*X/4
450 G2=((5*X↑2+16)*X↑2+3)*X/96
460 G3=(((3*X↑2+19)*X↑2+17)*X↑2-15)*X/384
470 G4=((((79*X↑2+776)*X↑2+1482)*X↑2-1920)*X↑2-945)*X/92160
480 T=X+G1/F+G2/F↑2+G3/F↑3+G4/F↑4
490 T=INT(1E3*T+.5)/1E3
500 :
510 REM BERECHNUNG D.INTERVALLGRENZEN
520 H1=FNR(M-T*S/SQR(N))
530 H2=FNR(M+T*S/SQR(N))
540 PRINT:PRINT "KONFIDENZINTERVALL=[";H1;",";H2;"]"
550 END
560 :
570 REM BERECHNUNG DER INVERSEN NORMALVERTEILUNG
580 C2=.010328:C1=.802853:C0=2.515517
590 D3=.001308:D2=.189269:D1=1.432788
600 D0=1
610 T=SQR(LOG(1/Q↑2))
620 C=(C2*T+C1)*T+C0
630 D=((D3*T+D2)*T+D1)*T+D0
640 X=FNR(T-C/D)
650 RETURN
```

13 χ^2-Verteilung

Die χ^2-Verteilung gehört wie die t- und F-Verteilung zu den wichtigsten Prüfverteilungen. Ihre Verteilungsfunktion ist

$$\Psi(\chi^2) = \frac{1}{\sqrt{2^f}\,(\frac{f-2}{2})!} \int\limits_0^{\chi^2} x^{(f-2)/2}\, e^{-x/2}\, dx$$

Da auch dieses Integral nicht elementar lösbar ist, wird die Verteilungsfunktion nach [1] über eine unendliche Reihe berechnet:

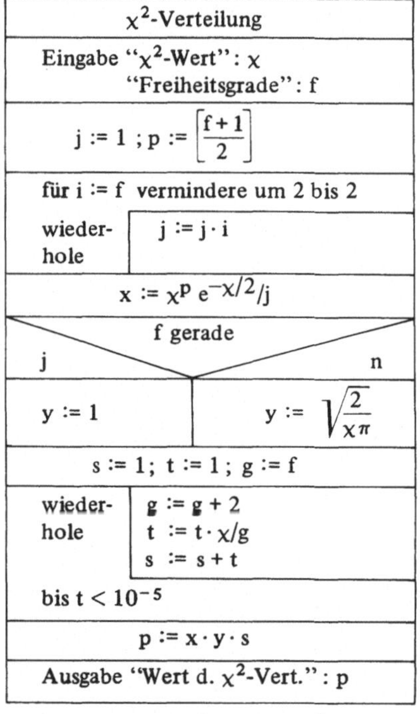

Die Bedeutung der χ^2-Verteilung liegt darin, daß die Quadratsumme (0;1)-normalverteilter Zufallsgrößen χ^2-verteilt ist. Die Anzahl f der Summanden heißt der *Freiheitsgrad der Verteilung*.

```
100 REM CHI↑2-VERTEILUNG
110 PRINTCHR$(147);"CHI↑2-VERTEILUNG"
120 :
130 PRINT:INPUT"GIB CHI↑2-WERT EIN";CHI
140 PRINT:INPUT"ZAHL DER FREIHEITSGRADE";F
150 :
160 REM BERECHNUNG DER CHI↑2-VERTEILUNG
170 J=1
180 FOR I=F TO 2 STEP -2
190 J=J*I
200 NEXT I
210 P=INT((F+1)/2)
220 X=CHI↑P*EXP(-CHI/2)/J
230 IF INT(F/2)=F/2 THEN Y=1:GOTO 250
240 Y=SQR(2/(CHI*π))
250 S=1:T=1:G=F
260 :
270 REM SUMMATION DER REIHE
280 G=G+2
290 T=T*CHI/G
300 IF T < 1E-5 THEN 330
310 S=S+T:GOTO 280
320 :
330 REM AUSGABE
340 P=X*Y*S:PRINT
350 P=INT(100000*P+.5)/100000
360 PRINT "CHI↑2=";CHI
370 PRINT:PRINT "ZAHL DER FREIHEITSGRADE=";F
380 PRINT:PRINT "WERT DER CHI↑2-VERTEILUNG=";P
390 PRINT:PRINT "RESTWAHRSCH.=";1-P
400 END
```

14 χ^2-Anpassungstest

Mit Hilfe der χ^2-Verteilung kann man prüfen, ob Stichprobenwerte aus einer Grundgesamtheit stammen, die einer bestimmten Verteilung unterliegt.

1. Beispiel: Es sollen die im Progr. 1 erhaltenen Würfelhäufigkeiten auf Gleichverteilung geprüft werden. Es ergibt sich

Augenzahl	beobacht. Wert b_i	erwartet. Wert e_i
1	90	100
2	103	100
3	114	100
4	101	100
5	103	100
6	89	100

Werden n Wertepaare miteinander verglichen, so ist die zugehörige Prüfgröße

$$\chi^2 = \sum_{i=1}^{n} \frac{(b_i - e_i)^2}{e_i}$$

χ^2-verteilt mit dem Freiheitsgrad $n - p$, wobei p die Anzahl der Parameter ist, die geschätzt worden sind ($p \geqslant 1$).

Es ergibt sich

$$\chi^2 = 4{,}36 \quad \text{und} \quad f = 5.$$

Der zugehörige Wert der χ^2-Verteilung ist .50117. Nimmt man an, daß der Würfel verfälscht ist, nimmt man eine Irrtumswahrscheinlichkeit von 49,9 % in Kauf!

Bei 5 % Irrtumswahrscheinlichkeit kann die Annahme, daß der Würfel ideal ist, nicht verworfen werden.

2. Beispiel: Es sollen die in Progr. 5 erhaltenen Häufigkeiten am *Galtonbrett* auf Übereinstimmung mit der Binomialverteilung getestet werden. Es ergeben sich folgende Werte

Korb-Nr.	b_i	e_i
0	0	0
1	2	2
2	4	7
3	13	16
4	28	25
5	27	25
6	22	16
7	4	7
8	0	2
9	0	0

Eingeben der Werte ins Programm ergibt

$$\chi^2 = 7.1103 \qquad \text{mit} \qquad f = 5;$$

Progr. 13 liefert dazu den Wert 0.78743 für die χ^2-Verteilung; d.h. bei 5 % Irrtumswahrscheinlichkeit kann ein Abweichen von der Binomialverteilung nicht angenommen werden.
wobei die Kugelzahlen in den Körben 0–2 und 7–9 zusammengefaßt werden müssen, damit die Mindest-Häufigkeit von 5 erreicht wird.

3. Beispiel: Die im Programm 9 gegebene Stichprobe soll auf Normalverteilung getestet werden. Aus der Stichprobe wurden die beiden Parameter m und s geschätzt zu

$$m = 170 \, (\text{cm}), \quad s = 6 \, (\text{cm}).$$

Es ergibt sich folgende Tabelle

x	$\dfrac{x-170}{6}$	$\Phi\!\left(\dfrac{x-170}{6}\right)$	p_i	$e_i = np_i$	b_i
159.5	-1.750	.040	.040	26.0	22
163.5	-1.083	.139	.099	64.4	71
167.5	$-.417$	.338	.199	129	136
171.5	.250	.599	.260	169	169
175.5	.917	.820	.222	143	139
179.5	1.58	.943	.123	79.6	71
183.5	2.25	.988	.045	28.9	32
187.5	2.92	.998	.011	7.1	8

dabei ist x das jeweilige Intervallende und p_i die Differenz zwischen den Funktionswerten $\Phi(x_i)$ der Normalverteilung. Es ergibt sich

$$\chi^2 = 3.1593 \quad \text{mit} \quad f = 6.$$

Die χ^2-Verteilung hat dafür den Wert 0.2114; d. h. die Annahme einer Normalverteilung kann bei $\alpha = 5\,\%$ nicht verworfen werden.

```
100 REM CHI-QUADRAT-TEST
110 PRINTCHR$(147);"CHI-QUADRAT-ANPASSUNGSTEST"
120 :
130 REM BERECHNUNG VON CHI↑2
140 READ N : REM ZAHL D.WERTEPAARE
150 READ M : REM ZAHL D.PARAMETER
160 IF M<1 OR M<> INT(M) THEN 150
170 PRINT:PRINT "BEOBACHT.";"ERWARTET"
180 CHI=0:F=N-M
190 FOR I=1 TO N
200 READ B,E
210 PRINT B,E
220 CHI=CHI+(B-E)↑2/E
230 NEXT I
240 :
250 PRINT:PRINT "CHI-QUADRAT-ANPASSUNGSTEST"
260 PRINT:PRINT "CHI↑2-WERT=";CHI
270 PRINT:PRINT "ZAHL DER FREIHEITSGRADE=";F
280 END
290 :
300 DATA 6,1
310 DATA 90,100
320 DATA 103,100
330 DATA 114,100
340 DATA 101,100
350 DATA 103,100
360 DATA 89,100
```

```
CHI↑2-ANPASSUNGSTEST

BEOBACHT.ERWARTET
  90        100
 103        100
 114        100
 101        100
 103        100
  89        100

CHI-QUADRAT-ANPASSUNGSTEST

CHI↑2-WERT= 4.36000001

ZAHL DER FREIHEITSGRADE= 5
```

15 χ^2-Test für Mehrfeldertafel

Bei einer Wahl wurden Männer und Frauen nach der von ihnen gewählten Partei A–F befragt. Es ergaben sich folgende Häufigkeiten:

	A	B	C	D	E	F	Σ
♂	23	37	43	52	67	74	296
♀	27	39	41	49	63	77	296
Σ	50	76	84	101	130	151	592

Es soll geprüft werden, ob die Wahl einer Partei vom Geschlecht des Wählers abhängt.

Sind die Ereignisse "Partei A wird gewählt" und "Wähler ist männlich" unabhängig, so erwartet man

$$\frac{50 \cdot 296}{592} = 25$$

Männer, die Partei A wählen. Dabei ist 50 die Anzahl der "A"-Wähler, 296 die Anzahl der befragten Männer und 592 die Anzahl aller befragten Personen. Entsprechend lassen sich nach dem Schema

$$\frac{\text{Zeilensumme} \cdot \text{Spaltensumme}}{\text{Gesamtzahl}}$$

die erwarteten Häufigkeiten berechnen.

Sind b_i die beobachteten und e_i die erwarteten Häufigkeiten, so ist die Prüfgröße

$$\chi^2 = \sum_{i=1}^{n} \frac{(b_i - e_i)^2}{e_i}$$

annähernd χ^2-verteilt und kann durch die χ^2-Verteilung getestet werden. Die Zahl der Freiheitsgrade ist das Produkt aus der jeweils um 1 verminderten Spalten- und Zeilenzahl. Hier ergibt sich, siehe Programm-Ausdruck

$$\chi^2 = 0.69204$$

mit $f = 5$. Programm 13 liefert dafür 0.0166 als Wert der χ^2-Verteilung, d.h. die Nullhypothese der Unabhängigkeit des Wahlverhaltens kann nicht verworfen werden. Allerdings ist der χ^2-Wert so klein, daß die Übereinstimmung der Wahlhäufigkeiten bereits wieder verdächtig ist.

```
100 REM CHI↑2-TEST FUER MEHRFELDERTAFEL
110 PRINTCHR$(147);"CHI↑2-TEST FUER MEHRFELDERTAFEL"
120 :
130 REM EINLESEN DER KONTIGENZTAFEL
140 READ M,N : DIM A(M*N),B(M),E(N)
150 FOR I=1 TO M*N STEP 4
160 READ A(I),A(I+1),A(I+2),A(I+3)
170 NEXT I
180 :
190 S=0:T=1
200 FOR I=1 TO M
210 FOR J=1 TO N
220 B(I)=B(I)+A(T):T=T+1
230 NEXT J
240 S=S+B(I)
250 NEXT I
260 :
270 FOR I=1 TO N
280 FOR J=I TO M*N STEP N
290 E(I)=E(I)+A(J)
300 NEXT J
310 NEXT I
320 :
330 CHI=0
340 PRINT"FELDER DER KONTINGENZTAFEL"
350 PRINT"BEOBACHT.",TAB(12)"ERWARTET"
360 FOR I=1 TO N
370 FOR J=1 TO M
380 E=B(J)*E(I)/S:K=I+(J-1)*N
390 C=(A(K)-E)↑2/E:CHI=CHI+C
400 PRINT A(K);TAB(13)E
410 NEXT J
420 PRINT:NEXT I
430 :
440 CHI=INT(1E5*CHI+.5)/1E5
450 PRINT "CHI↑2=";CHI
460 PRINT"ZAHL DER FREIHEITSGRADE";(N-1)*(M-1)
470 END
480 DATA 2,6
490 DATA 23,37,43,52,67,74
500 DATA 27,39,41,49,63,77
```

```
CHI↑2-TEST  F.MEHRFELDERTAFEL

FELDER DER KONTINGENZTAFEL
BEOBACHT.      ERWARTET
   23             25
   27             25
   37             38
   39             38
   43             42
   41             42
   52             50.5
   49             50.5
   67             65
   63             65
   74             75.5        CHI↑2= .69204
   77             75.5        ZAHL DER FREIHEITSGRADE 5
```

16 t-Verteilung

Die zweite wichtige Prüfverteilung ist die t-Verteilung mit der Verteilungsfunktion

$$\Xi\,(t) = \frac{(\frac{f-1}{2})!}{\sqrt{f\pi}\,(\frac{f-2}{2})!} \int\limits_{-\infty}^{t} \frac{dx}{\sqrt{\left(1 + \frac{x^2}{f}\right)^{f+1}}}$$

Ist X eine (0,1)-normalverteilte und Y eine χ^2-verteilte Zufallsgröße, so ist

$$\frac{X}{\sqrt{Y/f}}$$

t-verteilt.

Da $\Xi\,(t)$ nicht elementar integrierbar, wird es nach [1] wie folgt approximiert:

t-Verteilung
Eingabe "t-Wert,Freih.gr.": t, f
$t := t^2$
j $t \geqslant 1$ n
$a := 1$ $b := f$ $t_1 := t$ $a := f$ $b := 1$ $t_1 := 1/t$
$y := 2/(9a)\,;\; z := 2/(9b)$
$x := \dfrac{\lvert(1 - z)\sqrt[3]{t_1} - 1 + y\rvert}{\sqrt{z\,\sqrt[3]{t_1^2} + y}}$
j $b < 4$ n
$x := x\,(1 + .08x^4/b^3)$
$p := \dfrac{0.5}{(1 + b_1 x + b_2 x^2 + b_3 x^3 + b_4 x^4)^4}$
j $t < .5$ n
$p := p/2 + .5$ $p := 1 - p/2$
Ausgabe "Wert d.t-Vert.": p

b-Werte siehe Γ-Verteilung

Oft benötigt man auch — wie in Programm 12 — die Umkehrfunktion der t-Verteilung. Nach [1] gilt folgende Näherung:

Inverse t-Verteilung
Eingabe "Irrtumswahrsch.": α
(Inverse Normalverteilung)
Eingabe "Zahl der Freiheitsgrade": f
$g_1 := \dfrac{1}{4}\,(z^3 + z)$
$g_2 := \dfrac{1}{96}\,(5z^5 + 16z^3 + 3z)$
$g_3 := \dfrac{1}{384}\,(3z^7 + 19z^5 + 17z^3 - 15z)$
$g_4 := \dfrac{1}{92160}\,(79z^9 + 776z^7 + 1482z^5 - 1920z^3 - 945z)$
$t := z + g_1/f + g_2/f^2 + g_3/f^3 + g_4/f^4$
Ausgabe "t-Wert=": t

Dabei wird zur Berechnung der Inversen Normalverteilung ein Unterprogramm aus Progr. 8 benützt.

```
100 REM T-VERTEILUNG UND INVERSE T-VERTEILUNG
110 PRINTCHR$(147)
120 :
130 PRINT"T-VERTEILUNG (1) ODER INVERSE T-VERTEILUNG (2) GESUCHT?"
140 INPUT A
150 ON A GOTO 180,390
160 END
170 :
180 PRINT:INPUT"T-WERT";T
190 PRINT:INPUT"FREIHEITSGRADE";F
200 :
210 REM BERECHNUNG DER T-VERTEILUNG
220 T=T*T
230 IF T<1 THEN 250
240 A=1:B=F:T1=T:GOTO 260
250 A=F:B=1:T1=1/T
260 Y=2/(9*A):Z=2/(9*B)
270 X=ABS((1-Z)*T1↑(1/3)-1+Y)/SQR(Z*T1↑(2/3)+Y)
280 IF B<4 THEN 310
290 P=.5/(1+X*(.196854+X*(.115194+X*(.000344+X*.019527))))↑4
300 GOTO 320
310 X=X*(1+.08*X↑4/B↑3):GOTO 290
320 IF T<=.5 THEN P=P/2+.5:GOTO 340
330 P=1-P/2
340 P=INT(1E4*P+.5)/1E4
350 PRINT:PRINT "WERT DER T-VERTEILUNG=";P
360 PRINT:PRINT "RESTWAHRSCHEINLICHKEIT";1-P
370 END
380 :
390 REM BERECHNUNG DER INVERSEN NORMALVERTEILUNG
400 C2=.010328:C1=.802853:C0=2.515517
410 D3=.001308:D2=.189269:D1=1.432788
420 D0=1
430 PRINT:INPUT"WELCHES QUANTIL (1-P)";P
440 IF P>.5 THEN PRINT "ANDEREN WERT EINGEBEN":GOTO 430
450 T=SQR(LOG(1/P↑2))
460 C=(C2*T+C1)*T+C0
470 D=((D3*T+D2)*T+D1)*T+D0
480 X=T-C/D
490 DEFFNR(X)=INT(1E4*X+.5)/1E4
500 X=FNR(X)
510 :
520 REM BERECHNUNG DER INVERSEN T-VERTEILUNG
530 PRINT:INPUT"ZAHL DER FREIHEITSGRADE";F
540 G1=(X*X+1)*X/4
550 G2=((5*X↑2+16)*X↑2+3)*X/96
560 G3=(((3*X↑2+19)*X↑2+17)*X↑2-15)*X/384
570 G4=((((79*X↑2+776)*X↑2+1482)*X↑2-1920)*X↑2-945)*X/92160
580 T=X+G1/F+G2/F↑2+G3/F↑3+G4/F↑4
590 T=INT(1E3*T)/1E3
600 PRINT:PRINT "T-WERT=";T
610 END
```

17 t-Test

Hauptanwendungspunkte des t-Tests für normalverteilte Stichproben sind folgende:

1. Vergleich eines Stichprobenmittels mit einem vorgegebenen Mittelwert
2. Test auf gleichen Mittelwert zweier unabhängiger Stichproben mit gleicher Varianz
3. Test wie 2., jedoch mit ungleicher Varianz
4. Test auf gleichen Mittelwert zweier abhängiger (verbundener) Stichproben.

Es ergeben sich folgende t-verteilten Prüfgrößen (vgl. [8]):

$$1.\ t = \frac{|m - \mu|}{s}\ \sqrt{n},\ \ f = n - 1, \qquad \mu = \text{zu testender Mittelwert}$$

$$2.\ t = \frac{|m_1 - m_2|}{\sqrt{\dfrac{n_1 + n_2}{n_1 n_2} \cdot \dfrac{(n_1 - 1)\, s_1^2 + (n_2 - 1)\, s_2^2}{n_1 + n_2 - 2}}}, \qquad f = n_1 + n_2 - 2$$

$$3.\ t = \frac{|m_1 - m_2|}{\sqrt{\dfrac{s_1^2}{n_1} + \dfrac{s_2^2}{n_2}}},\ \ f = \frac{(s_1^2/n_1 + s_2^2/n_2)^2}{\left(\dfrac{s_1^2}{n_1}\right)^2 /(n_1 + 1) + \left(\dfrac{s_2^2}{n_1}\right)/(n_2 + 1)} - 2$$

$$4.\ t = \frac{\Sigma\, d_i/n}{\sqrt{\dfrac{\Sigma\, d_i^2 - (\Sigma\, d_i^2)/n}{n\,(n - 1)}}},\ \ f = n - 1$$

dabei sind d_i die Differenzen der entsprechenden Stichprobenwerte.

Als *Beispiel* zu 1. soll die im Progr. 2 erzeugte Stichprobe auf den Mittelwert $\mu = 100$ getestet werden.

Aus $m = 99{,}27$, $s = 4{,}01$ und $n = 20$ folgt $t = 0.8141$ und $f = 19$.

Berechnung der t-Verteilung zeigt, daß die Nullhypothese der Normalverteilung mit $\mu = 100$ bei $\alpha = 5\,\%$ nicht abgelehnt werden kann.

```
100 REM T-TEST
110 DIM X(30,2),N(2),S(2),V(2),M(2)
120 :
130 PRINTCHR$(147);"WELCHE HYPOTHESE SOLL GETESTET WERDEN?"
140 PRINT:PRINT
150 PRINT"(1)   MITTELWERT = M"
160 PRINT:PRINT
170 PRINT"(2)   GLEICH.MITTEL ZWEIER UNABH.STICHPR.,GLEICHE STAND.ABW."
180 PRINT:PRINT
190 PRINT"(3)   GLEICH.MITTEL ZWEIER UNABH.STICHPR.,UNGLEICH.STAND.ABW."
200 PRINT:PRINT
210 PRINT"(4)   GLEICH.MITTEL ZWEIER ABH.STICHPR."
220 PRINT:PRINT:INPUT"HYPOTHESE";H
230 IF H<>INT(H) OR H<1 OR H>4 THEN 130
240 IF H=4 THEN 520
250 :
260 ON H GOTO 270,290,290
270 PRINT:INPUT"MITTELWERT,STAND.ABW.";M(1),S(1)
280 PRINT:INPUT"STICHPROBENUMFANG";N(1):GOTO 330
290 PRINT:INPUT"MITTELWERT 1,STAND.ABW 1";M(1),S(1)
300 PRINT:INPUT"STICHPROBENUMFANG 1";N(1)
310 PRINT:INPUT"MITTELWERT 2,STAND.ABW. 2";M(2),S(2)
320 PRINT:INPUT"STICHPROBENUMFANG 2";N(2)
330 ON H GOTO 360,410,470
340 :
350 REM ERSTE HYPOTHESE
360 PRINT:INPUT"ZU TESTENDER MITTELWERT";M
370 T=(M(1)-M)*SQR(N(1))/S(1)
380 F=N(1)-1:GOTO 650
390 :
400 REM ZWEITE HYPOTHESE
410 T=(M(1)-M(2))/SQR((N(1)+N(2))/N(1)/N(2))
420 F=N(1)+N(2)-2
430 T=T/SQR(((N(1)-1)*S(1)↑2+(N(2)-1)*S(2)↑2)/F)
440 GOTO 650
450 :
460 REM DRITTE HYPOTHESE
470 T=(M(1)-M(2))/SQR(S(1)↑2/N(1)+S(2)↑2/N(2))
480 F=(S(1)↑2/N(1)+S(2)↑2/N(2))↑2
490 F=F/((S(1)↑2/N(1))↑2/(N(1)+1)+(S(2)↑2/N(2))↑2/(N(2)+1))-2
500 F=INT(F+.5):GOTO 650
510 :
520 REM VIERTE HYPOTHESE
530 INPUT"ANZAHL DER WERTEPAARE";N(1)
540 PRINT:PRINT"STICHPROBEN PAARWEISE EINGEBEN"
550 S(1)=0:S(2)=0
560 FOR I=1 TO N(1)
570 INPUT X(1,1),X(1,2)
580 D=X(1,1)-X(1,2)
590 S(1)=S(1)+D
600 S(2)=S(2)+D↑2
610 NEXT I
620 T=S(1)/N(1)*SQR(N(1)-1)
630 T=T/SQR(S(2)/N(1)-(S(1)/N(1))↑2)
640 F=N(1)-1
650 PRINT:PRINT "T-WERT=";ABS(T)
660 PRINT"ZAHL DER FREIHEITSGRADE=";F
670 END
```

18 F-Verteilung

Die letzte der drei wichtigsten Test-Verteilungen ist die F-Verteilung mit der Verteilungsfunktion

$$\zeta(F) = \frac{(\frac{f_1 + f_2 - 2}{2})!}{(\frac{f_1 - 2}{2})! \, (\frac{f_2 - 2}{2})!} \, f_1^{f_1/2} \cdot f_2^{f_2/2} \int_0^F \frac{x^{(f_1 - 2)/2}}{(f_1 x + f_2)^{(f_1 + f_2)/2}} \, dx$$

Die Bedeutung der F-Verteilung liegt darin, daß mit zwei χ^2-verteilten Größen X^2 und Y^2 mit den Freiheitsgraden f_1 bzw. f_2

$$\frac{X^2/f_1}{Y^2/f_2}$$

F-verteilt ist. Die F-Verteilung hat somit zwei Freiheitsgrade. Sie ist eine sehr allgemeine Funktion, denn sie geht für

$$f_1 = 1, \quad t = \sqrt{F} \quad \text{in die t-Verteilung}$$

$$f_1 = 1, \quad f_2 = \infty, \quad z = \sqrt{F} \quad \text{in die Normalverteilung}$$

über.

Ähnlich wie die t-Verteilung wird auch die F-Verteilung nach [1] angenähert:

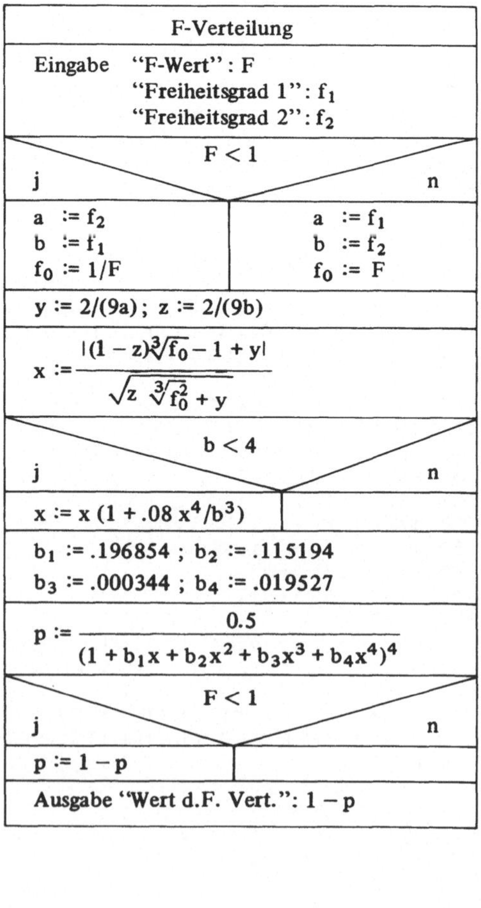

<table>
<tr><td colspan="2" align="center">F-Verteilung</td></tr>
<tr><td colspan="2">Eingabe   "F-Wert" : F
        "Freiheitsgrad 1" : f_1
        "Freiheitsgrad 2" : f_2</td></tr>
<tr><td colspan="2" align="center">F < 1
j   n</td></tr>
<tr><td>$a := f_2$
$b := f_1$
$f_0 := 1/F$</td><td>$a := f_1$
$b := f_2$
$f_0 := F$</td></tr>
<tr><td colspan="2">$y := 2/(9a) \, ; \; z := 2/(9b)$</td></tr>
<tr><td colspan="2">$x := \dfrac{|(1 - z)\sqrt[3]{f_0} - 1 + y|}{\sqrt{z \, \sqrt[3]{f_0^2} + y}}$</td></tr>
<tr><td colspan="2" align="center">b < 4
j   n</td></tr>
<tr><td>$x := x \, (1 + .08 \, x^4/b^3)$</td><td></td></tr>
<tr><td colspan="2">$b_1 := .196854 \, ; \; b_2 := .115194$
$b_3 := .000344 \, ; \; b_4 := .019527$</td></tr>
<tr><td colspan="2">$p := \dfrac{0.5}{(1 + b_1 x + b_2 x^2 + b_3 x^3 + b_4 x^4)^4}$</td></tr>
<tr><td colspan="2" align="center">F < 1
j   n</td></tr>
<tr><td>$p := 1 - p$</td><td></td></tr>
<tr><td colspan="2">Ausgabe "Wert d.F. Vert." : $1 - p$</td></tr>
</table>

Die F-Verteilung wird hauptsächlich beim F-Test und in der Varianzanalyse angewendet. Eine einfache Varianzanalyse folgt in Programm Nr. 19.

Beispiel zum F-Test: Für zwei Stichproben aus normalverteilten Grundgesamtheiten gilt

$$n_1 = 15; \quad s_1 = 6{,}8$$
$$n_2 = 20; \quad s_2 = 5{,}4$$

Geprüft wird die Nullhypothese $H_0 : \sigma_1^2 = \sigma_2^2$.

Die Prüfgröße

$$F = \frac{s_1^2}{s_2^2}$$

ergibt sich zu 1.5857 mit den Freiheitsgraden $n_1 - 1 = 14$ und $n_2 - 1 = 19$.

Das Programm liefert 0.827 als Wert der F-Verteilung. Die Nullhypothese kann daher bei einem zweiseitigen Test mit 5 % Irrtumswahrscheinlichkeit nicht abgelehnt werden.

```
100 REM F-TEST/VERTEILUNG
110 PRINT CHR$(147)
120 :
130 PRINT"F-TEST(1) ODER VERTEILUNG(2)"
140 INPUT A
150 ON A GOTO 170,210
160 GOTO 130
170 :
180 REM F-TEST
190 PRINT "STANDARDABW. UND UMFANG VON STICHPROBE 1"
200 INPUT S1,N1
210 PRINT "STANDARDABW. UND UMFANG VON STICHPROBE 2"
220 INPUT S2,N2
230 F=S1↑2/S2↑2
240 F1=N1-1:F2=N2-1
250 GOTO 320
260 :
270 REM F-VERTEILUNG
280 PRINT:INPUT"F-WERT";F
290 PRINT:INPUT"FREIHEITSGRAD IM ZAEHLER";F1
300 PRINT:INPUT"FREIHEITSGRAD IM NENNER";F2
310 :
320 P=1
330 IF F<1 THEN 350
340 A=F1:B=F2:F0=F:GOTO 360
350 A=F2:B=F1:F0=1/F
360 Y=2/(9*A):Z=2/(9*B)
370 X=ABS((1-Z)*F0↑(1/3)-1+Y)/SQR(Z*F0↑(2/3)+Y)
380 IF B<4 THEN 410
390 P=.5/(1+X*(.196854+X*(.115194+X*(.000344+X*.019527))))↑4
400 GOTO 430
410 X=X*(1+.08*X↑4/B↑3):GOTO 390
420 :
430 IF F<1 THEN P=1-P
440 PRINT:PRINT "ZAHL DER FREIHEITSGRADE";F1;"/";F2
450 P=INT(1000*P+.5)/1000
460 PRINT:PRINT "WERT DER F-VERTEILUNG=";1-P
470 PRINT:PRINT "RESTWAHRSCHEIN.=";P
480 END
```

19 Einfache Varianzanalyse

Vermutet man bei mehreren Stichproben einen Einfluß einer bestimmten Größe, so versucht man bei der Varianz der Stichproben den Einfluß dieser Größe von der zufälligen Variation der Stichproben zu trennen. Dies ist Aufgabe der einfachen *Varianzanalyse*. Entsprechend untersucht die mehrfache Varianzanalyse den Einfluß von mehreren Größen (auch Faktoren genannt).

Mit Hilfe der Varianzanalyse lassen sich Stichproben aus normalverteilten Gesamtheiten unbekannter Varianz auf Gleichheit prüfen.

Beispiel: Gegeben seien die 3 Stichproben

1	109, 111, 98, 119, 91, 118, 109, 99, 115, 109, 94
2	120, 124, 115, 139, 114, 110, 113, 120, 117
3	120, 112, 115, 110, 105, 134, 105, 130, 121, 111

mit den Umfängen $n_1 = 11, n_2 = 9, n_3 = 10$ und den Mittelwerten $m_1 = 106,6$, $m_2 = 119,1$ und $m_3 = 116,3$. Der Gesamt-Mittelwert m ist $113,6$.

Die Varianz wird nun additiv zerlegt in die Quadratsumme innerhalb der Gruppen V_1

$$\sum_{i=1}^{r} \sum_{k=1}^{n_k} (x_{ik} - m_i)^2$$

und zwischen den Gruppen V_2

$$\sum_{i=1}^{r} n_i (m_i - m)^2$$

zerlegt. Die Prüfgröße

$$F = \frac{\dfrac{V_1}{r-1}}{\dfrac{V_2}{n-r}}$$

ist F-verteilt mit den Freiheitsgraden $r - 1$ und $n - r$, dabei ist r die Anzahl der Stichproben und $n = n_1 + n_2 + n_3$.

Für obiges Beispiel gilt $V_1 = 2393,72$ und $V_2 = 839,65$. Mit $r = 3$ und $n = 30$ folgt $F = 5,04$.

Eingabe des F-Wertes ins Progr. 18 liefert den Wert $0,976$. Die Nullhypothese des gleichen Mittels der Stichproben kann somit bei 5 % Irrtumswahrscheinlichkeit abgelehnt werden.

```
100 REM EINFACHE VARIANZANALYSE
110 PRINTCHR$(147)
120 DIM X(5,20),N(5),M(20)
130 :
140 REM EINLESEN DER STICHPROBEN
150 READ K : REM ZAHL DER STICHPROBEN
160 N=0
170 FOR I=1 TO K
180 READ N(I) : REM STICHPROBENUMFAENGE
190 N=N+N(I)
200 NEXT I
210 M=0
220 FOR I=1 TO K
230 M(I)=0
240 FOR J=1 TO N(I)
250 READ X(I,J)
260 M(I)=M(I)+X(I,J)
270 NEXT J
280 M=M+M(I)
290 M(I)=M(I)/N(I) : REM MITTELWERTE
300 NEXT I
310 M=M/N : REM GESAMTMITTELWERT
320 :
330 REM BERECHNUNG DER VARIANZEN
340 V1=0:V2=0
350 FOR I=1 TO K
360 FOR J=1 TO N(I)
370 V1=V1+(X(I,J)-M(I))↑2 :REM VARIANZ INNERHALB
380 NEXT J
390 V2=V2+N(I)*(M(I)-M)↑2 :REM VARIANZ ZWISCHEN
400 NEXT I
410 :
420 REM PRUEFGROESSE
430 F=(V2/(K-1))/(V1/(N-K))
440 F=INT(100*F+.5)/100
450 :
460 REM AUSGABE
470 PRINT "EINFACHE VARIANZANALYSE"
480 PRINT:PRINT "F-WERT=";F
490 PRINT "FREIHEITSGRAD IM ZAEHLER";K-1
500 PRINT "FREIHEITSGRAD IM NENNER";N-K
510 :
520 DATA 3
530 DATA 11,9,10
540 DATA 109,111,98,119,91,113,109,99,115,109,94
550 DATA 120,124,115,139,114,110,113,120,117
560 DATA 120,112,115,110,105,134,105,130,121,111
```

```
EINF. VARIANZANALYSE

F-WERT= 5.04
FREIHEITSGRAD IM ZAEHLER 2
FREIHEITSGRAD IM NENNER 27
```

20 Vorzeichentest

Ein erstes Beispiel eines parameterfreien Tests ist — außer dem bereits behandelten χ^2-Test für Mehrfeldertafeln — der Vorzeichentest.

Beispiel (entnommen aus [4]): Bei einem Versuch werden 10 Personen zwei Schlafmittel A und B verabreicht und ihre Schlafdauer gemessen. Es ergab sich

	1	2	3	4	5	6	7	8	9	10
A	8.0	7.4	5.9	9.4	8.6	8.2	7.6	8.1	6.2	8.9
B	6.8	7.1	6.8	8.3	7.9	7.2	7.4	6.8	6.8	8.1
Vorz.	+	+	−	+	+	+	+	+	−	+

Nimmt man als Nullhypothese an, daß beide Schlafmittel gleichwirksam sind, so tritt das Vorzeichen der Differenz (A − B) mit gleicher Wahrscheinlichkeit auf.

Somit kann man mit Hilfe der Binomialverteilung die Wahrscheinlichkeit berechnen, daß für p = 0.5   8 von 10 Vorzeichen positiv sind (gleiche Werte von A und B werden nicht berücksichtigt). Progr. 5 liefert die Irrtumswahrscheinlichkeit 4,4 %; d. h. die Nullhypothese kann   bei einem zweiseitigen Test bei 5 % Irrtumswahrscheinlichkeit nicht verworfen werden.

Ist N^+ und N^- die Anzahl der entsprechenden Vorzeichen, so läßt sich auch die annähernd χ^2-verteilte Prüfgröße

$$\chi^2 = \frac{(N^+ - N^-)^2}{N^+ + N^-}$$

bilden mit f = 1. Hier ergibt sich

$$\chi^2 = 3.60.$$

Progr. 13 liefert dafür die Irrtumswahrscheinlichkeit 5,8 %, d. h. auch hier kann bei einem zweiseitigen Test die Nullhypothese auf dem 5 %-Niveau nicht verworfen werden. Allerdings könnte man bei einem einseitigen Test H_0 verwerfen, da sich nach der Binomialverteilung die Irrtumswahrscheinlichkeit 4,4 % ergibt.

Bemerkt sei noch, daß in der Literatur [8] manchmal obenerwähnter χ^2-Wert noch aus Stetigkeitsgründen korrigiert wird zu

$$\chi^2 = \frac{(N^+ - N^- - 1)^2}{N^+ + N^- + 1}.$$

In diesem Fall kann die Nullhypothese nicht einmal bei einem einseitigen Test auf dem 5 %-Niveau verworfen werden. Das folgende Programm verwendet den nicht-korrigierten χ^2-Wert.

Als weitere Anwendung des Vorzeichen-Tests sei noch erwähnt, daß damit eine Stichprobe auf einen vorgegebenen Mittelwert getestet werden kann. In diesem Fall wählt man das Vorzeichen, daß sich ergibt, wenn von den Stichprobenwerten der zu testende Mittelwert subtrahiert wird. Dieses Verfahren heißt manchmal auch *1-Stichproben-Mediantest* (vgl. [2]). Ist die Stichprobe einer normalverteilten Grundgesamtheit entnommen, so wird man natürlich den schärferen t-Test (siehe Progr. 17) anwenden.

```
100 REM VORZEICHENTEST
110 PRINTCHR$(147)
120 DIM A(20),B(20)
130 :
140 REM EINLESEN DER GRUPPEN
150 READ N
160 FOR I=1 TO N
170 READ A(I)
180 NEXT I
190 FOR I=1 TO N
200 READ B(I)
210 NEXT I
220 :
230 REM ZAEHLEN DER VORZEICHEN
240 N1=0:N2=0
250 FOR K=1 TO N
260 IF A(K)=B(K) THEN 290
270 IF A(K)<B(K) THEN N2=N2+1:GOTO 290
280 N1=N1+1
290 NEXT K
300 :
310 REM BERECHNUNG DER PRUEFGROESSE
320 CHI=(N1-N2)↑2/(N1+N2)
330 CHI=INT(1000*CHI+.5)/1000
340 :
350 REM AUSGABE
360 PRINT "VORZEICHENTEST":PRINT
370 PRINT "CHI↑2-WERT=";CHI
380 PRINT "1 FREIHEITGRAD"
390 END
400 :
410 DATA 10
420 DATA 8,7.4,5.9,9.4,8.6,8.2,7.6,8.1,6.2,8.9
430 DATA 6.8,7.1,6.8,8.3,7.9,7.2,7.4,6.8,6.8,8.1
```

```
VORZEICHENTEST

CHI↑2-WERT= 3.6
1 FREIHEITSGRAD
```

21 Median-Test

Ähnlich einfach wie der Vorzeichen-Test ist der *Median-Test,* jedoch für unabhängige Stichproben.

Um zwei Stichproben auf gleiche zentrale Tendenz zu prüfen, ordnet man alle Werte zu einer gemeinsamen Stichprobe und bestimmt deren Median. Die Anzahl der Werte einer jeden Stichprobe, die den Median über- bzw. unterschreiten, gibt Aufschluß über die gleiche zentrale Tendenz.

Beispiel: Gegeben seien folgende Stichproben

A	56, 66, 68, 49, 61, 53, 45, 58, 54
B	72, 81, 51, 73, 69, 78, 59, 67, 65, 71, 68, 71

Die gemeinsame, sortierte Stichprobe lautet:

45, 49, 51, 53, 54, 56, 58, 59, 61, 65, 66, 67, 68, 68, 69, 71, 71, 72, 73, 78, 81.

Der *Median* ist somit

M = 66.

7 Werte von A unterschreiten den Median, dagegen nur 3 von B; daraus ergibt sich folgende Vierfelder-Tafel

	$< M$	$\geqslant M$
A	7	2
B	3	9

Die Vierfelder-Tafel kann für große Häufigkeiten mit dem χ^2-Test für Mehrfeldertafeln geprüft werden. Für kleinere Häufigkeiten muß der *Fisher-Test* benutzt werden (siehe Progr. 24).

Der Median-Test kann auch auf mehrere Stichproben verallgemeinert werden: Man vereinigt die Stichproben wieder zu einer Gesamt-Stichprobe und bestimmt deren Median. Notiert man von jeder Stichprobe die Anzahl der Werte, die den Median über- bzw. unterschreiten, so erhält man eine Mehrfelder-Tafel, die für nicht zu kleine Häufigkeiten nach χ^2 getestet werden kann.

Das folgende Programm sortiert die Gesamt-Stichprobe nach dem Austausch-Verfahren, manchmal auch *Bubble-Sort* genannt:

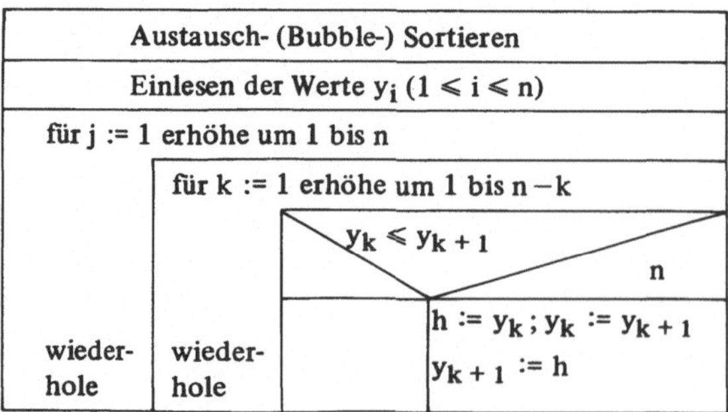

Die im Programm verwendeten Werte x_i kennzeichnen durch ihren Wert 0 oder 1, ob sie
zur 1. oder 2. Stichprobe gehören. Sie werden beim Sortieren miterfaßt.

```
100 REM MEDIANTEST
110 PRINTCHR$(147)
120 DIM X(30),Y(30)
130 :
140 REM EINLESEN DER X- U.Y-WERTE
150 READ N1
160 FOR I=1 TO N1
170 READ Y(I):X(I)=1
180 NEXT I
190 READ N2 : N=N1+N2
200 FOR I=N1+1 TO N
210 READ Y(I):X(I)=0
220 NEXT I
230 :
240 REM SORTIEREN DER GESAMTSTICHPROBE
250 FOR J=1 TO N
260 FOR K=1 TO N-J
270 IF Y(K)<= Y(K+1) THEN 300
280 H=Y(K):Y(K)=Y(K+1):Y(K+1)=H
290 H=X(K):X(K)=X(K+1):X(K+1)=H
300 NEXT K
310 NEXT J
320 :
330 REM BESTIMMUNG DES MEDIAN
340 K=N/2
350 IF K<>INT(K) THEN M=Y(INT(K+1)):GOTO 370
360 M=(Y(K)+Y(K+1))/2
370 :
380 REM DIFFERENZEN ZUM MEDIAN
390 X1=0:X2=0:Y1=0:Y2=0
400 FOR I=1 TO N
410 IF Y(I)<M THEN 440
420 IF X(I)=1 THEN X2=X2+1:GOTO 460
430 Y2=Y2+1:GOTO 460
440 IF X(I)=1 THEN X1=X1+1:GOTO 460
450 Y1=Y1+1
460 NEXT I
470 :
480 PRINT "MEDIANTEST":PRINT
490 PRINT "DIE VIERFELDER-TAFEL FUER DEN FISHER-TEST IST"
500 PRINT X1,X2
510 PRINT Y1,Y2
520 END
530 :
540 DATA 9
550 DATA 56,66,68,49,61,53,45,58,54
560 DATA 12
570 DATA 72,81,51,73,69,78,59,67,65,71,68,71
```

```
MEDIAN-TEST

DIE VIERFELDER-TAFEL FUER DEN FISHER-TEST
7        2
3        9
```

22 Mann-Whitney-Test

Der *Mann-Whitney-Test* (manchmal auch nach *Mann-Whitney-Wilcoxon* genannt) testet wie der Median-Test zwei unabhängige Stichproben auf gleiche zentrale Tendenz. Da er im Gegensatz zum Median-Test auch das Maß der Abweichung benützt, ist der Mann-Whitney-Test im allgemeinen schärfer als der Median-Test.

Zum Vergleich wird wieder das *Beispiel* aus Progr. 21 aufgegriffen. Die beiden Stichproben A und B werden vereinigt und die den Stichprobenwerten entsprechenden Rangplätze bestimmt:

Wert	Stichpr.	Rangplatz
45	A	1
49	A	2
51	B	3
53	A	4
54	A	5
56	A	6
58	A	7
59	B	8
61	A	9
65	B	10
66	A	11
67	B	12
68	A	13.5
68	B	13.5
69	B	15
71	B	16.5
71	B	16.5
72	B	18
73	B	19
78	B	20
81	B	21

Rangsumme A: $R_1 = 58.5$
Rangsumme B: $R_2 = 172.5$

Die Prüfgröße nach Mann-Whitney ist nun gegeben durch

$$U = \min\left(R_1 - \frac{n_1(n_1 + 1)}{2}, R_2 - \frac{n_2(n_2 + 1)}{2}\right),$$

wobei n_1 und n_2 die Stichprobenumfänge sind. Da die exakten Werte von U für eine gegebene Irrtumswahrscheinlichkeit nur sehr schwierig zu berechnen sind, wird U über die Normalverteilung approximiert.

Da U den Mittelwert $\frac{1}{2}n_1 n_2$ und die Standardabweichung $\sqrt{n_1 n_2(n_1 + n_2 + 1)/12}$ hat, erhält man durch

$$z = \frac{U - n_1 n_2/2}{\sqrt{n_1 n_2(n_1 + n_2 + 1)/12}}$$

näherungsweise eine (0, 1)-normalverteilte Variable. Im Beispiel erhält man

$$U = 13.5 \quad \text{und} \quad z = 2.878$$

Progr. 8 liefert dafür die Irrtumswahrscheinlichkeit 0.2 %. Die Nullhypothese, daß beide Stichproben dieselbe zentrale Tendenz haben, kann mit sehr kleiner Irrtumswahrscheinlichkeit abgelehnt werden. Außerdem sieht man an diesem Beispiel, — wie schon anfangs erwähnt — daß der Mann-Whitney-Test sehr viel schärfer ist als der Mediantest. Er gehört, zusammen mit dem Wilcoxon-Test zu den schärfsten nichtparametrischen Test überhaupt.

Das folgende Programm benützt zur Bestimmung der Rangfolge folgenden Algorithmus:

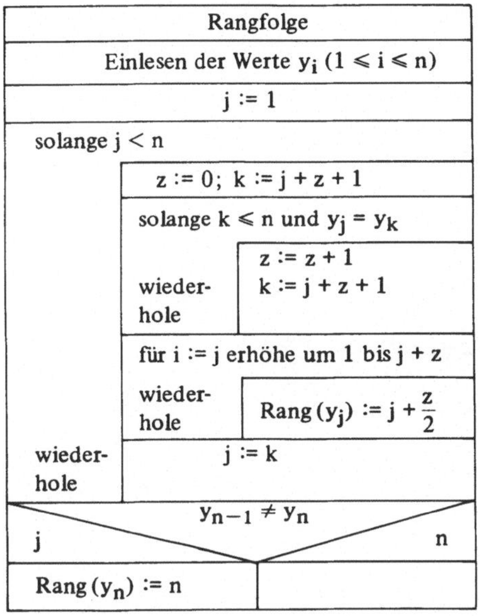

Rangfolge			
Einlesen der Werte y_i $(1 \leqslant i \leqslant n)$			
$j := 1$			
solange $j < n$			
	$z := 0;\ k := j + z + 1$		
	solange $k \leqslant n$ und $y_j = y_k$		
	wiederhole	$z := z + 1$ $k := j + z + 1$	
	für $i := j$ erhöhe um 1 bis $j + z$		
	wiederhole	$\text{Rang}\,(y_j) := j + \dfrac{z}{2}$	
wiederhole	$j := k$		
$y_{n-1} \neq y_n$			
j			n
$\text{Rang}\,(y_n) := n$			

Das im Programm verwendete Sortierverfahren ist bei Progr. 21 dargestellt. Treten in beiden Stichproben mehrere gemeinsame Werte (sog. Bindungen) auf, so muß die Standardabweichung von U noch korrigiert werden (vgl. 2). Im Programm wird diese Korrektur nicht benützt.

```basic
100 REM MANN-WHITNEY-TEST
110 PRINTCHR$(147);"MANN-WHITNEY-TEST"
120 DIM X(30),Y(30)
130 :
140 REM EINLESEN DER GRUPPEN
150 READ N1
160 FOR I=1 TO N1
170 READ Y(I):X(I)=1
180 NEXT I
190 READ N2:N=N1+N2
200 FOR I=N1+1 TO N
210 READ Y(I):X(I)=0
220 NEXT I
230 :
240 REM SORTIEREN DER GESAMTSTICHPROBE
250 FOR J=1 TO N
260 FOR K=1 TO N-J
270 IF Y(K)<=Y(K+1) THEN 300
280 H=Y(K):Y(K)=Y(K+1):Y(K+1)=H
290 H=X(K):X(K)=X(K+1):X(K+1)=H
300 NEXT K
310 NEXT J
320 :
330 REM AUFSUMMIEREN DER RANGPLAETZE
340 J=1:U1=0:U2=0
350 Z=0
360 K=J+Z+1
370 IF K<=N THEN IF Y(J)=Y(K) THEN Z=Z+1:GOTO 360
380 FOR I=J TO J+Z
390 R=J+Z/2
400 IF X(I)=1 THEN U1=U1+R:GOTO 420
410 U2=U2+R
420 NEXT I
430 J=K
440 IF J<N THEN 350
450 IF Y(N-1)=Y(N) THEN 500
460 R=N
470 IF X(N)=1 THEN U1=U1+R:GOTO 490
480 U2=U2+R
490 :
500 REM BERECHNUNG DER U-WERTE
510 U1=N1*N2+N1*(N1+1)/2-U1
520 U2=N1*N2+N2*(N2+1)/2-U2
530 REM MINIMUM
540 IF U1>U2 THEN U=U2:GOTO 560
550 U=U1
560 PRINT:PRINT"U-WERT=";U
570 :
580 REM APPROXIMATION DURCH NORMALVERTEILUNG
590 M=N1*N2/2
600 S=SQR(N1*N2*(N1+N2+1)/12)
610 Z=(U-M)/S
620 PRINT:PRINT"Z-WERT=";ABS(Z)
630 END
640 :
650 DATA 9
660 DATA 56,66,68,49,61,53,45,58,54
670 DATA 12
680 DATA 72,81,51,73,69,78,59,67,65,71,68,71
```

```
MANN-WHITNEY-TEST

U-WERT= 13.5
Z-WERT= 2.87820967
```

23 Wilcoxon-Test

Der *Wilcoxon-Test* ist das Gegenstück zum *Mann-Whitney-Test*, allerdings für abhängige (verbundene) Stichproben. Jedoch werden hier die Rangplätze für die Differenzen der Stichprobenwerte bestimmt. Auf Grund der Ähnlichkeit zum Mann-Whitney-Test ist zu erwarten, daß der Wilcoxon-Test im allgemeinen schärfer ist als der Vorzeichen-Test.

Zum Vergleich wird das Beispiel vom Vorzeichen-Test (Progr. 20) fortgesetzt.

Vergleicht man entsprechende Werte der Stichproben A und B, so erhalten die Differenzen folgende Rangplätze:

A	B	d_i	Rangplatz $|d_i|$	
			$d_i < 0$	$d_i > 0$
8.0	6.8	+ 1.2		9
7.4	7.1	+ 0.3		2
5.9	6.8	− 0.9	6	
9.4	8.3	+ 1.1		8
8.6	7.9	+ 0.7		4
8.2	7.2	+ 1.0		7
7.6	7.4	+ 0.2		1
8.1	6.8	+ 1.3		10
6.2	6.8	− 0.6	3	
8.9	8.1	+ 0.8		5
			Σ 9	Σ 46

Rangsumme $R_1 = 9$
Rangsumme $R_2 = 46$

Die Prüfgröße nach Wilcoxon ist

$W = \min(R_1, R_2)$.

Ähnlich wie beim Mann-Whitney-Test kann W standardisiert werden. Es gilt dann

$$z = \frac{W - n(n + 1)/4}{\sqrt{n(n + 1)(2n + 1)/24}}.$$

Hier ergibt sich W = 9 und z = 1.886. Die Normalverteilung liefert dafür die Irrtumswahrscheinlichkeit 3 %. Die Nullhypothese kann also bei einem zweiseitigen Test auf dem 5 %-Niveau nicht verworfen werden; ein Ergebnis, das in diesem Fall bereits vom Vorzeichen-Test erbracht wurde.

Für Leser, die die Tabellenwerte für den Wilcoxon-Test benützen, sei angemerkt, daß die kritischen Werte zur Ablehnung der Nullhypothese unterschritten werden müssen:

$W \leqslant W_{1-\alpha/2}$ zweiseitig

$W \leqslant W_{1-\alpha}$ einseitig

Z. B. gilt (vgl. [8] S. 245 oder [2] S. 373)

für n = 10: $W_{95\%} = 10$; $W_{97,5\%} = 8$.

Wegen W = 9 kann die Nullhypothese nur bei einem einseitigen Test auf dem 5 %-Niveau abgelehnt werden.

Das folgende Programm benützt denselben Sortieralgorithmus wie Progr. 21 und dasselbe Verfahren zur Bestimmung der Rangordnung wie Progr. 22.

```
100 REM WILCOXON-TEST
110 PRINTCHR$(147);"WILCOXON-TEST"
120 DIM D(20),S(20)
130 :
140 REM BESTIMMEN DER DIFFERENZEN
150 READ N
160 FOR I=1 TO N
170 READ X,Y
180 D(I)=ABS(X-Y):S(I)=SGN(X-Y)
190 NEXT I
200 :
210 REM SORTIEREN DER DIFFERENZEN
220 FOR J=1 TO N
230 FOR K=1 TO N-J
240 IF D(K)<=D(K+1) THEN 270
250 H=D(K):D(K)=D(K+1):D(K+1)=H
260 H=S(K):S(K)=S(K+1):S(K+1)=H
270 NEXT K
280 NEXT J
290 :
300 REM AUFSUMMIEREN DER RANGPLAETZE
310 J=1:W1=0:W2=0
320 Z=0
330 K=J+Z+1
340 IF K<=N THEN IF D(J)=D(K) THEN Z=Z+1:GOTO 330
350 FOR I=J TO J+Z
360 R=J+Z/2
370 IF S(I)=1 THEN W1=W1+R:GOTO 390
380 W2=W2+R
390 NEXT I
400 J=K
410 IF J<N THEN 320
420 IF D(N-1)=D(N) THEN 470
430 R=N
440 IF S(N)=1 THEN W1=W1+R:GOTO 460
450 W2=W2+R
460 :
470 REM MINIMUM DER RANGSUMMEN
480 IF W1>W2 THEN W=W2:GOTO 500
490 W=W1
500 PRINT:PRINT"W-WERT=";W
510 :
520 REM APPROXIMATION DURCH NORMALVERTEILUNG
530 M=N*(N+1)/4
540 S=SQR(N*(N+1)*(2*N+1)/24)
550 Z=(W-M)/S
560 PRINT:PRINT "Z-WERT=";ABS(Z)
570 END
580 :
590 DATA 10
600 DATA 8,6.8,7.4,7.1,5.9,6.8,9.4,8.3,8.6,7.9
610 DATA 8.2,7.2,7.6,7.4,8.1,6.8,6.2,6.8,8.9,8.1
```

```
WILCOXON-TEST

W-WERT=9
Z-WERT=1.88569461
```

24 Fisher-Test

Wie bereits erwähnt, muß bei kleinen Häufigkeiten in einer Vierfelder-Tafel der *Fisher-Test* (manchmal auch exakter Test nach Fisher genannt) benützt werden.

Gegeben sei die *Vierfelder-Tafel*

		Σ
7	2	9
3	9	12
Σ 10	11	21

wie sie auch beim Median-Test (Progr. 21) entstanden ist.

Die Vierfelder-Tafel kann nun als Ergebnis eines Urnenziehens (ohne Zurücklegen) interpretiert werden:

Aus einer Urne mit 21 Kugeln (Umfang der Gesamtstichprobe) werden 9 Kugeln (Stichprobe A) ohne Zurücklegen gezogen. Von den 10 Kugeln (entsprechend den 10 Werten, die den Median unterschreiten) werden 7 (entsprechend den 7 Werten von A, die den Median unterschreiten) gezogen. Gegen die Nullhypothese, daß A und B derselben Verteilung unterliegen, sprechen ferner noch die Ereignisse: „Es werden 8 bzw. 9 Kugeln gezogen".

Mit Hilfe der *hypergeometrischen Verteilung* (vgl. Programm 6) läßt sich somit die Irrtumswahrscheinlichkeit α berechnen:

$$\alpha = \frac{\binom{10}{7}\binom{11}{2} + \binom{10}{8}\binom{11}{1} + \binom{10}{9}\binom{11}{0}}{\binom{21}{9}} = \frac{120 \cdot 55 + 45 \cdot 11 + 1 \cdot 1}{293\,930} = 0.0241$$

Die Nullhypothese kann daher bei 5 % Irrtumswahrscheinlichkeit abgelehnt werden.

Ähnlich wie bei der hypergeometrischen Verteilung könnte man die auftretenden Wahrscheinlichkeiten wieder rekursiv berechnen. Im folgenden Programm werden alle auftretenden Binomialkoeffizienten durch folgendes Unterprogramm berechnet:

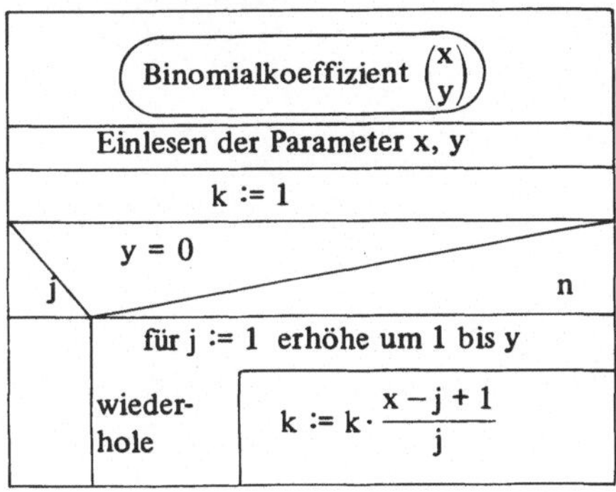

```
100 REM FISHER-TEST
110 :
120 REM EINLESEN DER VIERFELDER-TAFEL
130 READ A,B,C,D
140 :
150 REM BERECHNUNG DER HYPERGEO.WAHRSCHEINL.
160 N=A+B+C+D:W=0
170 X=N:Y=A+B:GOSUB 300
180 T=K
190 FOR I=A TO A+B
200 X=A+C:Y=I:GOSUB 300
210 S=K
220 X=B+D:Y=A+B-I:GOSUB 300
230 S=S*K
240 W=W+S
250 NEXT I
260 PRINT "IRRTUMSWAHRSCHEINLICHKEIT";W/T
270 END
280 :
290 REM UNTERPROGRAMM FUER BINOMIALKOEFFIZIENTEN
300 K=1
310 IF Y=0 THEN 350
320 FOR J=1 TO Y
330 K=K*(X-J+1)/J
340 NEXT J
350 RETURN
360 :
370 DATA 7,2,3,9
```

```
FISHER-TEST

IRRTUMSWAHRSCHEINLICHKEIT .024172422
```

25 Iterationstest nach Wald-Wolfowitz

Mit dem *Iterationstest* kann man u. a. prüfen, ob zwei unabhängige Stichproben aus Grundgesamtheiten gleicher Verteilung stammen. Dazu benützt man die sogenannten Runs oder Iterationen.

Das Vorgehen soll wieder am *Beispiel* des *Median-Tests* gezeigt werden.

Man sortiert die beiden Stichproben wieder zu einer Gesamtstichprobe

45, 49, 51, 53, 54, 56, 58, 59, 61, 65, 66, 67, 68, 69, 71, 71, 72, 73, 78, 81

und schreibt eine 1 bzw. 0, wenn der entsprechende Stichprobenwert zu A bzw. B gehört. Es ergibt sich die 01-Folge:

1101111010101000000000

Die Anzahl der *Runs* R ist nun gleich der Zahl der Wechsel von 0 auf 1 und umgekehrt, vermehrt um 1.

Betrachtet man alle möglichen Anordnungen derselben Anzahl von 0 und 1 als gleichwahrscheinlich, so lassen sich folgende Wahrscheinlichkeiten beweisen (vgl. [7]):

$$p(R = 2\,r) = \frac{2\binom{n_1 - 1}{r - 1}\binom{n_2 - 1}{r - 1}}{\binom{n}{n_1}}$$

$$p(R = 2r + 1) = \frac{\binom{n_1 - 1}{r}\binom{n_2 - 1}{r - 1} + \binom{n_1 - 1}{r - 1}\binom{n_2 - 1}{r}}{\binom{n}{n_1}}$$

dabei sind n_1, n_2 die Stichprobenumfänge und n ihre Summe. Hier gilt R = 10. Somit folgt

$r = 5$, $n_1 = 9$, $n_2 = 12$ und $n = 21$.

Die Berechnung der Binomialkoeffizienten liefert die Irrtumswahrscheinlichkeit .1572; d. h. die Nullhypothese kann auf dem 5 %-Niveau nicht abgelehnt werden.

An diesem Beispiel sieht man, daß der Iterationstest nicht so scharf wie der Median- oder Mann-Whitney-Test ist.

Dafür erlaubt er zahlreiche weitere Anwendungen:

Z. B. *Test auf Zufälligkeit:*

Notiert man beim Münzenwurf für Kopf 1 und Wappen 0 oder beim Roulette für Rot 1 und Schwarz 0, so kann diese 01-Folge mit Hilfe des Iterationstests auf Zufälligkeit geprüft werden.

Oder *Test auf Trend:*

Hat man z. B. eine Stichprobe in Verdacht, monoton wachsende Werte zu enthalten, so schreibt man in der Reihenfolge der Stichprobenwerte eine 1 bzw. 0, wenn der Stichproben-Median über- bzw. unterschritten wird. Die so entstehende 01-Folge kann wieder mit dem Iterationstest auf Zufälligkeit untersucht werden.

Da für einen Zweistichprobentest der Mann-Whitney-Test vorzuziehen ist, ist das folgende Programm für die Eingabe einer 01-Folge geschrieben.

Alle auftretenden Binomialkoeffizienten werden mit demselben Unterprogramm wie beim Fisher-Test berechnet.

```
100 REM ITERATIONSTEST VON WALD-WOLFOWITZ
110 PRINTCHR$(147);"ITERATIONSTEST"
120 DIM X(50)
130 :
140 REM EINLESEN DER WERTE
150 READ N
160 FOR I=1 TO N
170 READ X(I)
180 NEXT I
190 :
200 REM ZAEHLEN DER RUNS
210 Z=1:N1=0
220 FOR I=1 TO N-1
230 IF X(I)<>X(I+1) THEN Z=Z+1
240 IF X(I)=1 THEN N1=N1+1
250 NEXT I
260 IF X(N)=1 THEN N1=N1+1
270 N2=N-N1
280 A=N:B=N1:GOSUB 530
290 S=K
300 IF Z/2=INT(Z/2) THEN 330
310 GOTO 410
320 :
330 REM GERADE ZAHL VON RUNS
340 R=Z/2
350 A=N1-1:B=R-1:GOSUB 530
360 T=2*K
370 A=N2-1:B=R-1:GOSUB 530
380 T=T*K/S
390 PRINT "IRRTUMSWAHRSCHEINLICHKEIT=";T:END
400 :
410 REM UNGERADE ZAHL VON RUNS
420 R=INT(Z/2)
430 A=N1-1:B=R:GOSUB 530
440 T1=K
450 A=N2-1:B=R-1:GOSUB 530
460 T1=T1*K
470 A=N1-1:B=R-1:GOSUB 530
480 T2=K
490 A=N2-1:B=R:GOSUB 530
500 T2=T2*K:T=(T1+T2)/S
510 PRINT "IRRTUMSWAHRSCHEINLICHKEIT=";T:END
520 :
530 REM UNTERPROGRAMM FUER BINOMIALKOEFFIZIENTEN
540 K=1
550 IF B=0 THEN 590
560 FOR I=1 TO B
570 K=K*(A-I+1)/I
580 NEXT I
590 RETURN
600 :
610 DATA 21
620 DATA 1,1,0,1,1,1,1,0,1,0,1,0,1,0,0,0,0,0,0,0,0
```

```
ITERATIONSTEST
IRRTUMSWAHRSCHEINLICHKEIT= .157180281
```

26 Rangkorrelation

Urteile, Noten oder Meinungen unterliegen der *Ordinal- oder Rangskala* und können daher nicht mit den bisher behandelten Tests geprüft werden. Sie müssen in eine Rangfolge gebracht werden und können mit Hilfe der Rangkorrelation auf Unabhängigkeit getestet werden.

Beispiel: Eine Umfrage bei Frauen und Männern nach den Anforderungen an ihren Arbeitsplatz habe folgende Rangordnung ergeben:

Forderung	Rangplatz ♂	Rangplatz ♀	d_i	d_i^2
gute Aufstiegschancen	4	7	-3	9
Krisensicherheit	1	3	-2	4
interessante Tätigkeit	5	4	1	1
gutes Verhältnis zu Vorgesetzten	8	5	3	9
guter Kontakt zu Kollegen	7	6	1	1
Sozialprestige	3	7	-4	16
gutes Gehalt	2	1	1	1
selbst. Tätigkeit	6	2	4	16
Weiterbildungsmöglichkeiten	9	10	-1	1
Sozialleistungen der Firma	10	8	2	4
				Σ 62

Es soll geprüft werden, ob die gegebenen Rangordnungen vom Geschlecht der befragten Person abhängig sind.

Nach *Spearman* bildet man folgenden *Rangkorrelations-Koeffizienten*

$$\rho = 1 - \frac{6 \, \Sigma \, d_i^2}{n(n^2-1)} ;$$

dabei sind die d_i die Differenzen entsprechender Rangplätze.

Liegt der Wert von $|\rho|$ nahe bei 1, liegt eine starke Korrelation vor, liegt er nahe bei 0, so ist die Korrelation schwach und die Rangordnungen sind weitgehend unabhängig.

Ein Nachteil der Rangkorrelations-Koeffizienten ist, daß sie kein genaues Maß für den Grad der Abhängigkeit bilden. Im obigen Fall gilt

$$\rho = 0.624$$

wobei für die Summe der quadrierten Differenzen d_i 62 und den Stichprobenumfang $n = 10$ zu setzen ist.

Um zu testen, ob die Rangkorrelation zufällig entstanden ist, kann die t-verteilte Prüfgröße

$$t = \rho \; \sqrt{\frac{n-2}{1-\rho^2}} , \quad f = n - 2$$

$(n \geqslant 10)$ benützt werden.

Es folgt hier

t = 2.26   und   f = 8.

Das Progr. 16 liefert dazu die Irrtumswahrscheinlichkeit 2,6 %. Somit kann man bei
einem einseitigen Test und 5 % Irrtumswahrscheinlichkeit die Zufälligkeit der Korrelation
ablehnen.

```
100 REM RANGKORRELATION NACH SPEARMAN
110 PRINTCHR$(147);"RANGKORRELATION"
120 :
130 READ W:REM RANGPLAETZE JA=1/NEIN=0
140 READ N
150 :
160 FOR I=1 TO N
170 READ X(I)
180 A(I)=X(I):S(I)=I
190 NEXT I
200 IF W=1 THEN 270
210 REM UMRECHNEN DER STICHPROBE X(I) IN RANGPLAETZE
220 GOSUB 520
230 FOR I=1 TO N
240 T=S(I):X(T)=R(I)
250 NEXT I
260 :
270 FOR I=1 TO N
280 READ Y(I)
290 A(I)=Y(I):S(I)=I
300 NEXT I
310 IF W=1 THEN 380
320 REM UMRECHNEN DER STICHPROBE Y(I) IN RANGPLAETZE
330 GOSUB 520
340 FOR I=1 TO N
350 T=S(I):Y(T)=R(I)
360 NEXT I
370 :
380 REM RANGKORRELATIONS-KOEFFIZIENT
390 D=0
400 FOR I=1 TO N
410 D=D+(X(I)-Y(I))↑2
420 NEXT I
430 RHO=1-6*D/N/(N↑2-1)
440 PRINT:PRINT"RANGKORRELATIONS-KOEFF.=";RHO
450 :
460 REM PRUEFGROESSE FUER TEST AUF RHO=0
470 T=RHO*SQR((N-2)/(1-RHO↑2))
480 PRINT:PRINT"T-WERT=";ABS(T)
490 PRINT:PRINT "ZAHL DER FREIHEITSGRADE=";N-2
500 END
510 :
520 REM SORTIEREN DURCH AUSTAUSCHEN
530 FOR J=1 TO N
540 FOR K=1 TO N-J
550 IF A(K)>=A(K+1) THEN 590
560 H=A(K):A(K)=A(K+1):A(K+1)=H
570 H=S(K):S(K)=S(K+1):S(K+1)=H
580 NEXT K
590 NEXT J
```

```
600 :
610 REM BESTIMMEN DER RANGFOLGE
620 J=1
630 Z=0
640 K=J+Z+1
650 IF K<=N THEN IF A(J)=A(K) THEN Z=Z+1:GOTO 640
660 FOR I=J TO J+Z
670 R(I)=J+Z/2
680 NEXT I
690 J=K
700 IF J<N THEN 630
710 IF A(N-1)<>A(N) THEN R(N)=N
720 RETURN
730 :
740 DATA 1,10
750 DATA 4,1,5,8,7,3,2,6,9,10
760 DATA 7,3,4,5,6,7,1,2,10,8
```

RANGKORRELATION

RANGKORRELATIONS-KOEFF.= .624242424

T-WERT= 2.26005484

ZAHL DER FREIHEITSGRADE= 8

REGRESSION

27 Lineare Regression

Hat man eine Stichprobe aus einer zweidimensionalen Grundgesamtheit (z. B. Körpergröße X und Gewicht Y) vor sich, so kann man versuchen, einen Zusammenhang zwischen X und Y zu bestimmen. Da X und Y Zufallsgrößen sind, läßt sich keine exakte funktionale Abhängigkeit erwarten, sondern nur ein stochastisches Abhängigkeitsmaß. Ein solches Maß in Form eines Korrelationskoeffizienten war bereits bei der Rangkorrelation aufgetaucht.

Gegeben sei folgende „zweidimensionale" Stichprobe von Körpergröße und -gewicht von 648 Männern im Alter von 20—25 Jahren (zitiert nach [6]):

cm kg	157.5	161.5	165.5	169.5	173.5	177.5	181.5	185.5
54	9	23	13	4	1			
59	10	31	51	40	7	1		
64	3	12	51	72	44	9	3	
69		3	17	42	55	37	11	3
74		2	4	10	21	18	12	1
79				1	8	5	3	2
84					3	1	2	2
89						1		

Faßt man die Wertepaare (x_i, y_i) als Koordinaten in einem Koordinatensystem auf, so stellt eine solche Stichprobe eine „Punktwolke" dar. Vermutet man einen linearen Zusammenhang zwischen X und Y, so versucht man der Punktwolke eine Gerade einzuschreiben.

Die Anpassung geschieht meist nach dem Prinzip der kleinsten Quadrate. Dieses besagt, die Gerade wird so angepaßt, daß die Summe der vertikalen Abstände minimal wird.

Die Parameter der Regressionsgeraden

$$y = a + bx$$

werden bestimmt nach den Formeln

$$b = \frac{1}{n-1} \sum_{i=1}^{n} (x_i - m_x)(y_i - m_y)/s_x^2$$

und

$$a = m_y - bm_x .$$

Dabei ist s_x^2 die Varianz der x-Werte und m_x bzw. m_y das Mittel der x- bzw. y-Werte.

Der im Zähler von b auftretende Wert

$$s_{xy} = \frac{1}{n-1} \sum_{i=1}^{n} (x_i - m_x)(y_i - m_y)$$

heißt *Kovarianz* (der Stichprobe).

Der Korrelationskoeffizient ist nun bestimmt durch

$$r = \frac{s_{xy}}{s_x s_y}.$$

Für den Korrelationskoeffizienten gilt auch das, was für den Rangkorrelations-Koeffizienten geschrieben wurde.

Für obiges Beispiel gilt

$$y = -53.8 + 0.70\,x$$

und

$$r = 0.654.$$

Das bedeutet anschaulich, daß wegen $0.654^2 = 0.428$ rund 43 % der Varianz von y auf der von x beruht. Die restlichen 57 % beruhen auf zufälligen Einflüssen.

Die Parameter a, b und r werden im Programm wie folgt berechnet:

<table>
<tr><td colspan="2">Lineare Regression</td></tr>
<tr><td colspan="2">Eingabe "Anzahl d. Punktepaare": m</td></tr>
<tr><td colspan="2">$s_1 := s_2 := s_3 := s_4 := r := n := 0$</td></tr>
<tr><td colspan="2">für i := 1 erhöhe um 1 bis m</td></tr>
<tr><td>wieder-
hole</td><td>Eingabe "x, y, Häufigk.": x, y, h
$s_1 := s_1 + hx;\ s_2 := s_2 + hy$
$s_3 := s_3 + hx^2;\ s_4 := s_4 + hy^2$
$r := r + hxy;\ n := n + h$</td></tr>
<tr><td colspan="2">$b := (nr - s_2 s_1)/(ns_3 - s_1^2)$
$a := (s_2 - bs_1)/n$</td></tr>
<tr><td colspan="2">$a := (s_2 - bs_1)/n$
$s_1 := b\,(r - s_1 s_2/n)$
$s_4 := s_4 - s_2^2/n$
$r := \sqrt{s_1/s_4}$</td></tr>
<tr><td colspan="2">Ausgabe "Parameter der Regressions-
       geraden": a, b
"Korrelationskoeff.": r</td></tr>
</table>

Zu beachten ist, daß das folgende Programm für gruppierte Stichproben geschrieben wurde. Es können jedoch auch nichtgruppierte Stichproben eingegeben werden, wenn die jeweilige Häufigkeit 1 gesetzt wird.

Das Programm erlaubt ferner die Berechnung einzelner Punkte der Regressionsgeraden.

```
100 REM LINEARE REGRESSION
110 PRINTCHR$(147)
120 :
130 REM EINLESEN
140 READ M :REM ANZAHL DER PUNKTE
150 S1=0:S2=0:S3=0:S4=0:R=0:N=0
160 FOR I=1 TO M
170 READ Y,X,H
180 S1=S1+H*X:S2=S2+H*Y
190 S3=S3+H*X↑2:S4=S4+H*Y↑2
200 R=R+H*X*Y
210 N=N+H
220 NEXT I
230 :
240 REM PARAMETER DER GERADEN
250 B=(N*R-S2*S1)/(N*S3-S1↑2)
260 A=(S2-B*S1)/N
270 :
280 REM AUSGABE
290 PRINT "REGRESSIONSGERADE":PRINT
300 PRINT "F(X)=";A;"+";B;"*X":PRINT
310 S1=B*(R-S1*S2/N)
320 S4=S4-S2↑2/N
330 V=S4-S1
340 R=S1/S4
350 PRINT "KORRELATIONSKOEFFIZIENT=";SQR(R):PRINT
360 PRINT "STANDARDABWEICHUNG=";SQR(V/(N-2)):PRINT
370 :
380 REM WERTE DER REGRESSIONSGERADEN
390 PRINT "WERTE DER GERADEN GESUCHT (J/N) ?"
400 INPUT A$
410 IF MID$(A$,1,1)="J" THEN 440
420 END
430 :
440 PRINT:PRINT "INTERPOLIERTE WERTE"
450 PRINT "GIB X-WERT EIN (ENDE=-999)"
460 INPUT X
470 IF X=-999 THEN END
480 PRINT "Y=";A+B*X
490 GOTO 450
500 :
510 DATA 42
520 DATA 54,157.5,9,54,161.5,23,54,165.5,13,54,169.5,4,54,173.5,1
530 DATA 59,157.5,10,59,161.5,31,59,165.5,51,59,169.5,40,59,173.5,7,59
540 DATA 177.5,1,64,157.5,3,64,161.5,12,64,165.5,51,64,169.5,72,64
550 DATA 173.5,44,64,177.5,9,64,181.5,3
560 DATA 69,161.5,3,69,165.5,17,69,169.5,42,69,173.5,55
570 DATA 69,177.5,37,69,181.5,11,69,185.5,3
580 DATA 74,161.5,2,74,165.5,4,74,169.5,10,74,173.5,21
590 DATA 74,177.5,18,74,181.5,12,74,185.5,1
600 DATA 79,169.5,1,79,173.5,8,79,177.5,5,79,181.5,3,79,185.5,2
610 DATA 84,173.5,3,84,177.5,1,84,181.5,2,84,185.5,2
620 DATA 89,181.5,1
READY.
```

```
LINEARE  REGRESSION

REGRESSIONSGERADE
F(X)=-53.8411651 + .700761835*X

KORRELATIONSKOEFFIZIENT= .654100078
STANDARDABWEICHUNG= 4.85715044
```

28 Exponentielle Regression

Soll die Regressionsfunktion eine Exponentialfunktion

$$y = ae^{bx}$$

sein, so läßt sich dies wegen

$$\ln y = \ln a + bx$$

auf die lineare Regression zurückführen.

Beispiel: Für die Bevölkerungszahl der USA gelten gerundet folgende Werte:

Jahr	Mill.
1910	89
1920	106
1930	123
1940	132
1950	151
1960	179

Setzt man das Jahr 1910 zu 0, und gibt entsprechende Werte in das Programm ein, so ergibt sich

$$y = 91.06 \cdot e^{0.0132x}$$

und $r = 0.994$. Die Größe des Korrelationskoeffizienten läßt darauf schließen, daß sich die Bevölkerung der USA tatsächlich nach einem Exponentialgesetz entwickelt.

Obige Regressionsfunktion läßt sich auch zur Trendberechnung benützen: Für das Jahr 2000 (Eingabe 90) erhält man den Wert 299 Millionen.

```
100 REM EXPONENTIELLE REGRESSION
110 PRINTCHR$(147)
120 :
130 REM EINLESEN
140 READ N :REM ANZAHL DER PUNKTE
150 S1=0:S2=0:S3=0:S4=0:R=0
160 FOR I=1 TO N
170 READ X,Y
180 IF Y<=0 THEN PRINT"Y-WERTE MUESSEN POSITIV SEIN":END
190 Y=LOG(Y)
200 S1=S1+X:S2=S2+Y
210 S3=S3+X↑2:S4=S4+Y↑2
220 R=R +X*Y
230 NEXT I
240 :
250 B=(N*R-S2*S1)/(N*S3-S1↑2)
260 A=(S2-B*S1)/N
270 :
280 REM AUSGABE
290 PRINT "EXPONENTIELLE REGRESSION F(X)=A*EXP(B*X)"
300 PRINT "A=";EXP(A),"B=";B:PRINT
310 S1=B*(R-S1*S2/N)
320 S4=S4-S2↑2/N
330 V=S4-S1
340 R=S1/S4
350 PRINT "KORRELATIONSKOEFFIZIENT=";SQR(R):PRINT
360 PRINT "STANDARDABWEICHUNG=";SQR(V/(N-2)):PRINT
370 :
380 REM WERTE DER REGRESSIONSKURVE
390 PRINT "WERTE DER GERADEN GESUCHT (J/N) ?"
400 INPUT A$
410 IF MID$(A$,1,1)="J" THEN 440
420 END
430 :
440 PRINT:PRINT "INTERPOLIERTE WERTE"
450 PRINT "GIB X-WERT EIN (ENDE=-999)"
460 INPUT X
470 IF X=-999 THEN END
480 PRINT "Y=";EXP(A)*EXP(B*X)
490 GOTO 450
500 :
510 DATA 6
520 DATA 0,89,10,106,20,123
530 DATA 30,132,40,151,50,179
```

```
EXPONENTIELLE  REGRESSION

F(X)=A*EXP(B*X)
A=91.061406  B=.0132168198
KORRELATIONSKOEFFIZIENT= .994130704
STANDARDABWEICHUNG= .0300844682
```

29 Geometrische Regression

Auch die Potenzfunktion als Regressionskurve läßt sich wegen

$$y = ax^b \Rightarrow \ln y = \ln a + x \ln b$$

auf die lineare Regression zurückführen.

Beispiel: Für 5 Autotypen wurden folgende Daten ermittelt:

PS	40	55	70	100	120
max. Geschw.	110	140	160	190	220

Eingeben der Werte ins Programm ergibt

$$y = 12.13 \cdot x^{0.604}$$

mit $r = 0.996$. Auch hier ergibt sich eine hohe Korrelation. Für einen Wagen mit 110 PS wird die Spitzengeschwindigkeit auf Grund der Regressionsfunktion auf 207 km/h geschätzt.

```
100 REM GEOMETRISCHE REGRESSION
110 PRINTCHR$(147)
120 :
130 REM EINLESEN
140 READ N :REM ANZAHL DER PUNKTE
150 S1=0:S2=0:S3=0:S4=0:R=0
160 FOR I=1 TO N
170 READ X,Y
180 IF X<=0 OR Y<=0 THEN PRINT"X- U.Y-WERTE MUESSEN POSITIV SEIN":END
190 X=LOG(X):Y=LOG(Y)
200 S1=S1+X:S2=S2+Y
210 S3=S3+X↑2:S4=S4+Y↑2
220 R=R +X*Y
230 NEXT I
240 :
250 B=(N*R-S2*S1)/(N*S3-S1↑2)
260 A=(S2-B*S1)/N
270 :
280 REM AUSGABE
290 PRINT "GEOMETRISCHE REGRESSION F(X)=A*X↑B"
300 PRINT "A=";EXP(A),"B=";B:PRINT
310 S1=B*(R-S1*S2/N)
320 S4=S4-S2↑2/N
330 V=S4-S1
340 R=S1/S4
350 PRINT "KORRELATIONSKOEFFIZIENT=";SQR(R):PRINT
360 PRINT "STANDARDABWEICHUNG=";SQR(V/(N-2)):PRINT
370 :
380 REM WERTE DER REGRESSIONSFUNKTION
390 PRINT "WERTE DER GERADEN GESUCHT (J/N) ?"
400 INPUT A$
410 IF MID$(A$,1,1)="J" THEN 440
420 END
430 :
440 PRINT:PRINT "INTERPOLIERTE WERTE"
450 PRINT "GIB X-WERT EIN (ENDE=-999)"
460 INPUT X
470 IF X=-999 THEN END
480 PRINT "Y=";EXP(A)*X↑B:PRINT
490 GOTO 450
500 :
510 DATA 5
520 DATA 40,110,55,140,70,160,100,190,120,220
```

```
GEOMETRISCHE  REGRESSION

F(X)=A*X↑B
A=12.1323253     B=.603569294
KORRELATIONSKOEFFIZIENT= .995996079
STANDARDABWEICHUNG= .0277518021
```

30 Polynom-Regression

Da man bei der Polynom-Regression meist mit einem Polynom 2. Grades auskommt, sei dieser Fall hier behandelt.

Für die Parabel

$$y = a + bx + cx^2$$

liefert die Methode der kleinsten Quadrate folgende Normalgleichungen:

$$an \quad + b \,\Sigma x_i + c \,\Sigma\, x_i^2 = \Sigma y_i$$
$$a \,\Sigma x_i \quad + b \,\Sigma x_i^2 + c \,\Sigma\, x_i^3 = \Sigma x_i y_i$$
$$a \,\Sigma x_i^2 + b \,\Sigma x_i^3 + c \,\Sigma x_i^4 = \Sigma x_i^2 y_i$$

dabei ist n die Anzahl der Wertepaare (x_i, y_i).

Löst man dieses lineare Gleichungssystem z. B. mit der *Eliminationsmethode von Gauß*, so erhält man die Werte der Polynomkoeffizienten a, b und c.

Beispiel: Messungen des Bremsweges bei einem bestimmten Auto ergaben folgende Werte:

km/h	40	70	100	140	180
m	38	56	90	136	206

Paarweises Eingeben der Werte in das Programm liefert die Koeffizienten

$$a = 4.599 \cdot 10^{-3}, \ b = 0.2021, \ c = 19.97.$$

Der Korrelationskoeffizient ist 0.9992.

Einzelheiten über das vom Programm verwendete Gauß'sche Verfahren finden sich in jedem Lehrbuch der numerischen Mathematik. Eine genaue Diskussion für Regressions-Polynome 2. Grades — auch *Ausgleichs-Parabeln* genannt — findet man z. B. in [10].

```
100 REM POLYNOM-REGRESSION
110 DIM A(21),B(11,12),C(12)
120 PRINT CHR$(147)
130 :
140 REM EINLESEN U.AUFSTELLEN DER NORMALGLEICHUNGEN
150 READ M : REM POLYNOMGRAD
160 READ N : REM ZAHL DER PUNKTE
170 FOR I=1 TO N
180 A(I)=0:C(I)=0
190 NEXT I
200 A(1)=N
210 FOR I=1 TO N
220 READ X,Y
230 FOR J=2 TO 2*M+1
240 A(J)=A(J)+X↑(J-1)
250 NEXT J
260 FOR K=1 TO M+1
270 B(K,M+2)=C(K)+Y*X↑(K-1)
280 C(K)=C(K)+Y*X↑(K-1)
290 NEXT K
300 C(M+2)=C(M+2)+Y↑2
310 NEXT I
320 :
330 REM LOESUNG DES GLEICHUNGSSYSTEMS NACH GAUSS
340 FOR J=1 TO M+1
350 FOR K=1 TO M+1
360 B(J,K)=A(J+K-1)
370 NEXT K
380 NEXT J
390 FOR J=1 TO M+1
400 FOR K=J TO M+1
410 IF B(K,J)<>0 THEN 440
420 NEXT K
430 PRINT "KEINE EINDEUTIGE LOESUNG":END
440 FOR I=1 TO M+2
450 S=B(J,I):B(J,I)=B(K,I):B(K,I)=S
460 NEXT I
470 S=1/B(J,J)
480 FOR I=1 TO M+2
490 B(J,I)=S*B(J,I)
500 NEXT I
510 FOR K=1 TO M+1
520 IF K=J THEN 570
530 S=-B(K,J)
540 FOR I=1 TO M+2
550 B(K,I)=B(K,I)+S*B(J,I)
560 NEXT I
570 NEXT K
580 NEXT J
590 :
600 REM AUSGABE
610 PRINT "POLYNOM-REGRESSION"
620 PRINT:PRINT "POLYNOMGRAD";M
630 PRINT:PRINT "POLYNOMKOEFFIZIENTEN"
640 FOR J=M TO 1 STEP -1
650 PRINT B(J+1,M+2)
660 NEXT J
```

```
670 PRINT B(1,M+2):PRINT
680 :
690 REM REGRESSION-ANALYSE
700 P=0
710 FOR J=2 TO M+1
720 P=P+B(J,M+2)*(C(J)-A(J)*C(1)/N)
730 NEXT J
740 Q=C(M+2)-C(1)↑2/N
750 V=Q-P:W=N-M-1:R=P/Q
760 PRINT "KORRELATIONSKOEFF.=";SQR(R)
770 IF W=0 THEN 800
780 PRINT:PRINT "STANDARDABWEICHUNG=";SQR(V/W)
790 :
800 REM BERECHNUNG DER INTERPOLATIONSWERTE
810 PRINT:PRINT "WERTE DER REGRESSIONSFUNKTION GESUCHT (J/N)?"
820 INPUT A$
830 IF MID$(A$,1,1)<>"J" THEN END
840 INPUT "X-WERT (ENDE=-999)";X
850 IF X=-999 THEN END
860 Y=B(M+1,M+2)
870 FOR I=M TO 1 STEP -1
880 Y=Y*X+B(I,M+2)
890 NEXT I
900 PRINT "Y=";Y:PRINT
910 GOTO 840
920 :
930 DATA 2,5
940 DATA 40,36,70,54,100,90,140,136,180,206
```


POLYNOM-REGRESSION

POLYNOMGRAD 2

POLYNOMKOEFFIZIENTEN
 4.59896005E-03
 .202080416
 19.9737232

KORRELATIONSKOEFF.= .999246425

STANDARDABWEICHUNG= 3.75793838

Literaturverzeichnis

[1] *Abramowitz/Stegun:* Handbook of Mathematical Functions. New York: Dover 1965

[2] *Brüning/Trenkler:* Nichtparametrische statistische Methoden. Berlin: De Gruyter 1978

[3] *Fisz:* Wahrscheinlichkeitsrechnung und mathematische Statistik. Berlin: Deutscher Verlag der Wissenschaften 1980

[4] *Heigl/Feuerpfeil:* Stochastik. München: Bayerischer Schulbuchverlag 1976^2

[5] *Herrmann:* Mathematik-Programme in BASIC. Köln: Aulis 1982

[6] *Kellerer:* Statistik im modernen Wirtschafts- und Sozialleben. Reinbeck: Rowohlt 1972^{14}

[7] *Kreyszig:* Statistische Methoden und ihre Anwendungen. Göttingen: Vandenhoeck & Ruprecht 1975^5

[8] *Sachs:* Angewandte Statistik. Berlin: Springer 1974^4

[9] *Stange:* Angewandte Statistik I. Berlin: Springer 1970

[10] *Zurmühl:* Praktische Mathematik für Ingenieure und Physiker. Berlin: Springer 1965^5